智能制造系列教材

智能制造标准

INTELLIGENT MANUFACTURING STANDARDS

王进峰　吴自高　编著

清华大学出版社
北京

版权所有，侵权必究。举报：010-62782989，beiqinquan@tup.tsinghua.edu.cn。

图书在版编目(CIP)数据

智能制造标准/王进峰，吴自高编著. —北京：清华大学出版社，2023.7
智能制造系列教材
ISBN 978-7-302-62378-6

Ⅰ. ①智… Ⅱ. ①王… ②吴… Ⅲ. ①智能制造系统－标准化－教材 Ⅳ. ①TH166-65

中国国家版本馆CIP数据核字(2023)第012950号

责任编辑：刘　杨　赵从棉
封面设计：李召霞
责任校对：薄军霞
责任印制：朱雨萌

出版发行：清华大学出版社
　　　　　网　　址：http://www.tup.com.cn，http://www.wqbook.com
　　　　　地　　址：北京清华大学学研大厦A座　　邮　　编：100084
　　　　　社 总 机：010-83470000　　　　　　　　邮　　购：010-62786544
　　　　　投稿与读者服务：010-62776969，c-service@tup.tsinghua.edu.cn
　　　　　质量反馈：010-62772015，zhiliang@tup.tsinghua.edu.cn
印 装 者：三河市春园印刷有限公司
经　　销：全国新华书店
开　　本：170mm×240mm　　印　张：8　　　　字　数：159千字
版　　次：2023年7月第1版　　　　　　　　印　次：2023年7月第1次印刷
定　　价：24.00元

产品编号：094761-01

智能制造系列教材编审委员会

主任委员
  李培根 雒建斌

副主任委员
  吴玉厚 吴 波 赵海燕

编审委员会委员(按姓氏首字母排列)
  陈雪峰 邓朝晖 董大伟 高 亮
  葛文庆 巩亚东 胡继云 黄洪钟
  刘德顺 刘志峰 罗学科 史金飞
  唐水源 王成勇 轩福贞 尹周平
  袁军堂 张 洁 张智海 赵德宏
  郑清春 庄红权

秘书
  刘 杨

丛书序1
FOREWORD

多年前人们就感叹,人类已进入互联网时代;近些年人们又惊叹,社会步入物联网时代。牛津大学教授舍恩伯格(Viktor Mayer-Schönberger)心目中大数据时代最大的转变,就是放弃对因果关系的渴求,转而关注相关关系。人工智能则像一个幽灵徘徊在各个领域,兴奋、疑惑、不安等情绪分别蔓延在不同的业界人士中间。今天,5G的出现使得作为整个社会神经系统的互联网和物联网更加敏捷,使得宛如社会血液的数据更富有生命力,自然也使得人工智能未来能在某些局部领域扮演超级脑力的作用。于是,人们惊呼数字经济的来临,憧憬智慧城市、智慧社会的到来,人们还想象着虚拟世界与现实世界、数字世界与物理世界的融合。这真是一个令人咋舌的时代!

但如果真以为未来经济就"数字"了,以为传统工业就"夕阳"了,那可以说我们就真正迷失在"数字"里了。人类的生命及其社会活动更多地依赖物质需求,除非未来人类生命形态真的变成"数字生命"了,不用说维系生命的食物之类的物质,就连"互联""数据""智能"等这些满足人类高级需求的功能也得依赖物理装备。所以,人类最基本的活动便是把物质变成有用的东西——制造!无论是互联网、物联网、大数据、人工智能,还是数字经济、数字社会,都应该落脚在制造上,而且制造是其应用的最大领域。

前些年,我国把智能制造作为制造强国战略的主攻方向,即便从世界上看,也是有先见之明的。在强国战略的推动下,少数推行智能制造的企业取得了明显效益,更多企业对智能制造的需求日盛。在这样的背景下,很多学校成立了智能制造等新专业(其中有教育部的推动作用)。尽管一窝蜂地开办智能制造专业未必是一个好现象,但智能制造的相关教材对于高等院校与制造关联的专业(如机械、材料、能源动力、工业工程、计算机、控制、管理……)都是刚性需求,只是侧重点不一。

教育部高等学校机械类专业教学指导委员会(以下简称"机械教指委")不失时机地发起编著这套智能制造系列教材。在机械教指委的推动和清华大学出版社的组织下,系列教材编委会认真思考,在2020年新型冠状病毒感染疫情正盛之时进行视频讨论,其后教材的编写和出版工作有序进行。

编写本系列教材的目的是为智能制造专业以及与制造相关的专业提供有关智能制造的学习教材,当然教材也可以作为企业相关的工程师和管理人员学习和培训之用。系列教材包括主干教材和模块单元教材,可满足智能制造相关专业的基础课和专业课的需求。

主干教材,即《智能制造概论》《智能制造装备基础》《工业互联网基础》《数据技术基础》《制造智能技术基础》,可以使学生或工程师对智能制造有基本的认识。其中,《智能制造概论》教材给读者一个智能制造的概貌,不仅概述智能制造系统的构成,而且还详细介绍智能制造的理念、意识和思维,有利于读者领悟智能制造的真谛。其他几本教材分别论及智能制造系统的"躯干""神经""血液""大脑"。对于智能制造专业的学生而言,应该尽可能必修主干课程。如此配置的主干课程教材应该是本系列教材的特点之一。

本系列教材的特点之二是配合"微课程"设计了模块单元教材。智能制造的知识体系极为庞杂,几乎所有的数字-智能技术和制造领域的新技术都和智能制造有关,不仅涉及人工智能、大数据、物联网、5G、VR/AR、机器人、增材制造(3D打印)等热门技术,而且像区块链、边缘计算、知识工程、数字孪生等前沿技术都有相应的模块单元介绍。本系列教材中的模块单元差不多成了智能制造的知识百科。学校可以基于模块单元教材开出微课程(1学分),供学生选修。

本系列教材的特点之三是模块单元教材可以根据各所学校或者专业的需要拼合成不同的课程教材,列举如下。

#课程例1——"智能产品开发"(3学分),内容选自模块:
- 优化设计
- 智能工艺设计
- 绿色设计
- 可重用设计
- 多领域物理建模
- 知识工程
- 群体智能
- 工业互联网平台

#课程例2——"服务制造"(3学分),内容选自模块:
- 传感与测量技术
- 工业物联网
- 移动通信
- 大数据基础
- 工业互联网平台
- 智能运维与健康管理

#课程例3——"智能车间与工厂"(3学分),内容选自模块:
- 智能工艺设计
- 智能装配工艺

- ➢ 传感与测量技术
- ➢ 智能数控
- ➢ 工业机器人
- ➢ 协作机器人
- ➢ 智能调度
- ➢ 制造执行系统(MES)
- ➢ 制造质量控制

总之,模块单元教材可以组成诸多可能的课程教材,还有如"机器人及智能制造应用""大批量定制生产"等。

此外,编委会还强调应突出知识的节点及其关联,这也是此系列教材的特点。关联不仅体现在某一课程的知识节点之间,也表现在不同课程的知识节点之间。这对于读者掌握知识要点且从整体联系上把握智能制造无疑是非常重要的。

本系列教材的编著者多为中青年教授,教材内容体现了他们对前沿技术的敏感和在一线的研发实践的经验。无论在与部分作者交流讨论的过程中,还是通过对部分文稿的浏览,笔者都感受到他们较好的理论功底和工程能力。感谢他们对这套系列教材的贡献。

衷心感谢机械教指委和清华大学出版社对此系列教材编写工作的组织和指导。感谢庄红权先生和张秋玲女士,他们卓越的组织能力、在教材出版方面的经验、对智能制造的敏锐性是这套系列教材得以顺利出版的最重要因素。

希望本系列教材在推进智能制造的过程中能够发挥"系列"的作用!

2021 年 1 月

丛书序2
FOREWORD

制造业是立国之本,是打造国家竞争能力和竞争优势的主要支撑,历来受到各国政府的高度重视。而新一代人工智能与先进制造深度融合形成的智能制造技术,正在成为新一轮工业革命的核心驱动力。为抢占国际竞争的制高点,在全球产业链和价值链中占据有利位置,世界各国纷纷将智能制造的发展上升为国家战略,全球新一轮工业升级和竞争就此拉开序幕。

近年来,美国、德国、日本等制造强国纷纷提出新的国家制造业发展计划。无论是美国的"工业互联网"、德国的"工业 4.0",还是日本的"智能制造系统",都是根据各自国情为本国工业制定的系统性规划。作为世界制造大国,我国也把智能制造作为推进制造强国战略的主攻方向,并于 2015 年发布了《中国制造 2025》。《中国制造 2025》是我国全面推进建设制造强国的引领性文件,也是我国实施制造强国战略的第一个十年的行动纲领。推进建设制造强国,加快发展先进制造业,促进产业迈向全球价值链中高端,培育若干世界级先进制造业集群,已经成为全国上下的广泛共识。可以预见,随着智能制造在全球范围内的孕育兴起,全球产业分工格局将受到新的洗礼和重塑,中国制造业也将迎来千载难逢的历史性机遇。

无论是开拓智能制造领域的科技创新,还是推动智能制造产业的持续发展,都需要高素质人才作为保障,创新人才是支撑智能制造技术发展的第一资源。高等工程教育如何在这场技术变革乃至工业革命中履行新的使命和担当,为我国制造企业转型升级培养一大批高素质专门人才,是摆在我们面前的一项重大任务和课题。我们高兴地看到,我国智能制造工程人才培养日益受到高度重视,各高校都纷纷把智能制造工程教育作为制造工程乃至机械工程教育创新发展的突破口,全面更新教育教学观念,深化知识体系和教学内容改革,推动教学方法创新,我国智能制造工程教育正在步入一个新的发展时期。

当今世界正处于以数字化、网络化、智能化为主要特征的第四次工业革命的起点,正面临百年未有之大变局。工程教育需要适应科技、产业和社会快速发展的步伐,需要有新的思维、理解和变革。新一代智能技术的发展和全球产业分工合作的新变化,必将影响几乎所有学科领域的研究工作、技术解决方案和模式创新。人工智能与学科专业的深度融合、跨学科网络以及合作模式的扁平化,甚至可能会消除某些工程领域学科专业的划分。科学、技术、经济和社会文化的深度交融,使人们可以充分使用便捷的软件、工具、设备和系统,彻底改变或颠覆设计、制造、销售、服务和消费方式。因此,工程教育特别是机械工程教育应当更加具有前瞻性、创新性、开放性和多样性,应当更加注重与世界、社会和产业的联系,为服务我国新的"两步走"宏伟愿景做出更大贡献,为实现联合国可持续发展目标发挥关键性引领作用。

需要指出的是,关于智能制造工程人才培养模式和知识体系,社会和学界存在多种看法,许多高校都在进行积极探索,最终的共识将会在改革实践中逐步形成。我们认为,智能制造的主体是制造,赋能是靠智能,要借助数字化、网络化和智能化的力量,通过制造这一载体把物质转化成具有特定形态的产品(或服务),关键在于智能技术与制造技术的深度融合。正如李培根院士在丛书序 1 中所强调的,对于智能制造而言,"无论是互联网、物联网、大数据、人工智能,还是数字经济、数字社会,都应该落脚在制造上"。

经过前期大量的准备工作,经李培根院士倡议,教育部高等学校机械类专业教学指导委员会(以下简称"机械教指委")课程建设与师资培训工作组联合清华大学出版社,策划和组织了这套面向智能制造工程教育及其他相关领域人才培养的本科教材。由李培根院士和雒建斌院士、部分机械教指委委员及主干教材主编,组成了智能制造系列教材编审委员会,协同推进系列教材的编写。

考虑到智能制造技术的特点、学科专业特色以及不同类别高校的培养需求,本套教材开创性地构建了一个"柔性"培养框架:在顶层架构上,采用"主干教材+模块单元教材"的方式,既强调了智能制造工程人才必须掌握的核心内容(以主干教材的形式呈现),又给不同高校最大程度的灵活选用空间(不同模块教材可以组合);在内容安排上,注重培养学生有关智能制造的理念、能力和思维方式,不局限于技术细节的讲述和理论知识的推导;在出版形式上,采用"纸质内容+数字内容"的方式,"数字内容"通过纸质图书中列出的二维码予以链接,扩充和强化纸质图书中的内容,给读者提供更多的知识和选择。同时,在机械教指委课程建设与师资培训工作组的指导下,本系列书编审委员会具体实施了新工科研究与实践项目,梳理了智能制造方向的知识体系和课程设计,作为规划设计整套系列教材的基础。

本系列教材凝聚了李培根院士、雒建斌院士以及所有作者的心血和智慧,是我国智能制造工程本科教育知识体系的一次系统梳理和全面总结,我谨代表机械教指委向他们致以崇高的敬意!

2021 年 3 月

前言
PREFACE

制造业是国民经济的主体,是立国之本、兴国之器、强国之基。智能制造是落实我国制造强国战略的重要举措。加快推进智能制造,是加速我国工业化和信息化深度融合、推动制造业供给侧结构性改革的重要着力点,对重塑我国制造业竞争新优势具有重要意义。"智能制造、标准先行",标准化工作是实现智能制造的重要技术基础。为指导当前和未来一段时间智能制造标准化工作,解决标准缺失、滞后、交叉重复等问题,落实"加快制造强国建设",工业和信息化部、国家标准化管理委员会在 2015 年共同组织制定了《国家智能制造标准体系建设指南(2015 年版)》。按照标准体系动态更新机制,扎实构建满足产业发展需求、先进适用的智能制造标准体系,推动装备质量水平的整体提升,工业和信息化部、国家标准化管理委员会先后组织制定了《国家智能制造标准体系建设指南(2018 年版)》《国家智能制造标准体系建设指南(2021 年版)》。指南将智能制造标准的体系结构划分为基础共性、关键技术、行业应用三个部分。基础共性标准作为整个标准体系的支撑,包括通用、安全、可靠性、检测、评价、人员能力等方面。关键技术标准包括智能装备、智能工厂、智慧供应链、智能服务、智能赋能技术、工业网络等方面。行业应用标准面向行业具体需求,对基础共性标准和关键技术标准进行细化落地,指导各行业推进智能制造。

到目前为止,我国在智能制造相关领域已经推出百余项新标准,但是系统介绍智能制造相关标准的书籍不多,阻碍了智能制造标准的传播、应用与推广。因此,非常有必要将这些新标准的内容及其之间的关联关系,介绍给在该领域学习和工作的学生和从业者。本书在组织智能制造相关标准时,主要根据标准推出的时间节点,持续更新相关的智能制造标准。目前,本书主要覆盖了以下内容,通用标准介绍了数字化车间术语定义和对象标识与元数据表示;安全标准介绍了数控网络安全技术要求和大数据安全管理指南;可靠性标准介绍了机床数控系统可靠性和设备可靠性评估办法;检测标准介绍了数控机床与工业机器人测评和控制系统性能评估与测试;评价标准介绍了智能制造能力成熟度模型和智能制造能力成熟度评估方法;智能装备标准介绍了智能感知技术标准、人机交互系统标准、装备互联互通标准;智能工厂标准介绍了基于云制造的智能工厂架构、数字化车间通用技术要求、虚拟工厂架构与模型标准;智能服务标准介绍了个性化定制分类指南、定制能力成熟度模型、远程运维技术模型；智能赋能技术标准介绍了大数据工业应用参考架构、工业云服务能力、协议与计量、软件互联互通接口通用要求；工业网络标准介绍了工业控制网络通用技术要求、物联网信息共享和交换平台。随着我国制造强国战略的持续推进，智能制造相关标准的持续建设，将会涌现出更多智能制造相关的标准，本书将持续通过二维码等多种方式更新智能制造相关标准。

本书由华北电力大学王进峰、吴自高编写，周福成审阅，研究生卞艺瑾参与绘制了书中部分图、表。

感谢刘杨编辑为本书顺利出版所做的卓有成效的工作。感谢清华大学出版社为此教材出版所做的重大贡献。

由于编者水平有限，书中缺点和错误在所难免，敬请读者批评指正。

编者

2022 年 11 月

目 录
CONTENTS

第1章 智能制造标准化体系 ………………………………………………… 1

第2章 基础共性标准 ………………………………………………………… 5
  2.1 通用标准 ……………………………………………………………… 5
    2.1.1 数字化车间术语定义 ………………………………………… 5
    2.1.2 对象标识与元数据表示 ……………………………………… 9
  2.2 安全标准 ……………………………………………………………… 13
    2.2.1 数控网络安全技术要求 ……………………………………… 13
    2.2.2 大数据安全管理指南 ………………………………………… 18
  2.3 可靠性标准 …………………………………………………………… 23
    2.3.1 机床数控系统可靠性 ………………………………………… 23
    2.3.2 设备可靠性评估方法 ………………………………………… 25
  2.4 检测标准 ……………………………………………………………… 31
    2.4.1 数控机床与工业机器人测评 ………………………………… 31
    2.4.2 控制系统性能评估与测试 …………………………………… 32
  2.5 评价标准 ……………………………………………………………… 35
    2.5.1 智能制造能力成熟度模型 …………………………………… 35
    2.5.2 智能制造能力成熟度评估方法 ……………………………… 37

第3章 关键技术标准 ………………………………………………………… 43
  3.1 智能装备标准 ………………………………………………………… 43
    3.1.1 智能感知技术标准 …………………………………………… 43
    3.1.2 人机交互系统标准 …………………………………………… 46
    3.1.3 装备互联互通标准 …………………………………………… 53
  3.2 智能工厂标准 ………………………………………………………… 55
    3.2.1 基于云制造的智能工厂架构 ………………………………… 55
    3.2.2 数字化车间通用技术要求 …………………………………… 60

３.２.３　虚拟工厂架构与模型标准 ………………………………… 64
３.３　智能服务标准 ………………………………………………………… 69
　　３.３.１　个性化定制分类指南 …………………………………… 69
　　３.３.２　定制能力成熟度模型 …………………………………… 72
　　３.３.３　远程运维技术模型 ……………………………………… 81
３.４　智能赋能技术标准 …………………………………………………… 84
　　３.４.１　大数据工业应用参考架构 ……………………………… 84
　　３.４.２　工业云服务能力、协议与计量 ………………………… 89
　　３.４.３　软件互联互通接口通用要求 …………………………… 96
３.５　工业网络标准 ………………………………………………………… 102
　　３.５.１　工业控制网络通用技术要求 …………………………… 102
　　３.５.２　物联网信息共享和交换平台 …………………………… 108

第1章 智能制造标准化体系

制造业是国民经济的主体,是立国之本、兴国之器、强国之基。智能制造是落实我国制造强国战略的重要举措。加快推进智能制造,是加速我国工业化和信息化深度融合、推动制造业供给侧结构性改革的重要着力点,对重塑我国制造业竞争新优势具有重要意义。"智能制造、标准先行",标准化工作是实现智能制造的重要技术基础。为指导我国智能制造的标准化工作,解决标准缺失、滞后、交叉重复等问题,落实加快制造强国建设,工业和信息化部、国家标准化管理委员会在2015年共同组织制定了《国家智能制造标准体系建设指南(2015年版)》,并在2018年和2021年对其进行了动态更新。

1. 指导思想

进一步贯彻落实《智能制造发展规划(2016—2020年)》(工信部联规〔2016〕349号)和《装备制造业标准化和质量提升规划》(国质检标联〔2016〕396号)的工作部署,充分发挥标准在推进智能制造产业健康有序发展中的指导、规范、引领和保障作用。针对智能制造标准跨行业、跨领域、跨专业的特点,立足国内需求,兼顾国际标准体系,建立涵盖基础共性、关键技术等标准的国家智能制造标准体系。加强标准的统筹规划与宏观指导,加快创新技术成果向标准转化,强化标准的实施与监督,深化智能制造标准国际交流与合作,提升标准对制造业的整体支撑作用,为产业高质量发展保驾护航。

2. 基本原则

加强统筹,分类施策。完善国家智能制造标准工作顶层设计,统筹推进国家标准与行业标准、国内标准与国际标准的制定与实施。结合重点行业(领域)的技术特点和发展需求,有序推进细分行业智能制造标准体系建设。夯实基础,强化协同。加快基础通用、关键技术、典型应用等重点标准制定。结合智能制造跨行业、跨领域、系统融合等特点,推动产业链各环节、产学研用各方共同开展标准制定。立足国情,开放合作。结合我国智能制造技术和产业发展现状,鼓励国内企事业单位积极参与国际标准化活动。加强与全球产业界的交流与合作,积极贡献中国的技术方案和实践经验,共同推进智能制造国际标准制定。

3. 建设目标

到 2023 年,制修订 100 项以上国家标准、行业标准,不断完善先进适用的智能制造标准体系。加快制定人机协作系统、工艺装备、检验检测装备等智能装备标准,智能工厂设计、集成优化等智能工厂标准,供应链协同、供应链评估等智慧供应链标准,网络协同制造等智能服务标准,数字孪生、人工智能应用等智能赋能技术标准,工业网络融合等工业网络标准,支撑智能制造发展迈上新台阶。到 2025 年,在数字孪生、数据字典、人机协作、智慧供应链、系统可靠性、网络安全与功能安全等方面形成较为完善的标准簇,逐步构建起适应技术创新趋势、满足产业发展需求、对标国际先进水平的智能制造标准体系。

4. 智能制造系统架构

智能制造是基于新一代信息技术与先进制造技术的深度融合,贯穿于设计、生产、管理、服务等产品全生命周期,具有自感知、自决策、自执行、自适应、自学习等特征,旨在提高制造业质量、效率效益和柔性的先进生产方式。

智能制造系统架构从生命周期、系统层级和智能特征三个维度对智能制造所涉及的活动、装备、要素等内容进行描述,主要用于明确智能制造的标准化对象和范围。智能制造系统架构如图 1-1 所示。

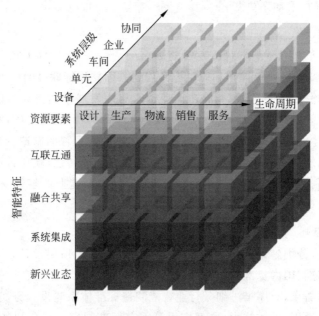

图 1-1 智能制造系统架构

1) 生命周期

生命周期是指从产品原型研发开始到产品回收再制造的各个阶段,包括设计、生产、物流、销售、服务等一系列相互联系的价值创造活动。生命周期的各项活动可迭代优化,具有可持续性发展等特点,不同行业的生命周期构成和时间顺序不尽相同。

(1) 设计是指根据企业的所有约束条件以及所选择的技术来对需求进行实现和优化的过程。

(2) 生产是指将物料进行加工、运送、装配、检验等活动创造产品的过程。

(3) 物流是指物品从供应地向接收地的实体流动过程。

(4) 销售是指产品或商品等从企业转移到客户手中的经营活动。

(5) 服务是指产品提供者与客户接触过程中所产生的一系列活动的过程及其结果。

2) 系统层级

系统层级是指与企业生产活动相关的组织结构的层级划分,包括设备层、单元层、车间层、企业层和协同层。

(1) 设备层是指企业利用传感器、仪器仪表、机器、装置等,实现实际物理流程并感知和操控物理流程的层级。

(2) 单元层是指用于企业内处理信息、实现监测和控制物理流程的层级。

(3) 车间层是实现面向工厂或车间的生产管理的层级。

(4) 企业层是实现面向企业经营管理的层级。

(5) 协同层是企业实现其内部和外部信息互联和共享,实现跨企业间业务协同的层级。

3) 智能特征

智能特征是指制造活动具有的自感知、自决策、自执行、自学习、自适应之类功能的表征,包括资源要素、互联互通、融合共享、系统集成和新兴业态等5层智能化要求。

(1) 资源要素是指企业从事生产时所需要使用的资源或工具及其数字化模型所在的层级。

(2) 互联互通是指通过有线或无线网络、通信协议与接口,实现资源要素之间的数据传递与参数语义交换的层级。

(3) 融合共享是指在互联互通的基础上,利用云计算、大数据等新一代信息通信技术,实现信息协同共享的层级。

(4) 系统集成是指企业实现智能制造过程中装备、生产单元、生产线、数字化车间、智能工厂之间,以及智能制造系统之间的数据交换和功能互联的层级。

(5) 新兴业态是指基于物理空间不同层级资源要素和数字空间集成与融合的数据、模型及系统,建立的涵盖了认知、诊断、预测及决策等功能,且支持虚实迭代优化的层级。

5. 智能制造标准体系结构

智能制造标准体系结构包括"A 基础共性""B 关键技术""C 行业应用"三个

部分，主要反映标准体系各部分的组成关系。智能制造标准体系结构如图 1-2 所示。

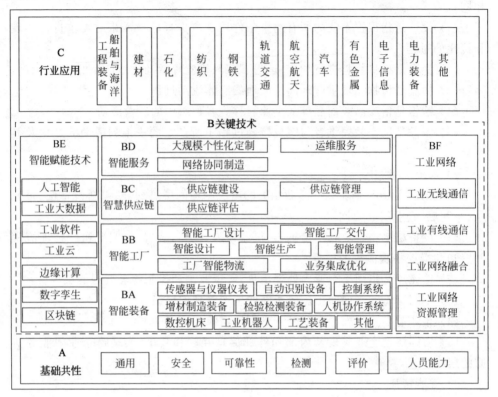

图 1-2　智能制造标准体系结构

具体而言，A 基础共性标准包括通用、安全、可靠性、检测、评价、人员能力 6 大类，位于智能制造标准体系结构图的最底层，是 B 关键技术标准和 C 行业应用标准的支撑。B 关键技术标准是智能制造系统架构智能特征维度在生命周期维度和系统层级维度所组成的制造平面的投影，其中 BA 智能装备标准主要聚焦于智能特征维度的资源要素，BB 智能工厂标准主要聚焦于智能特征维度的资源要素和系统集成，BC 智慧供应链对应智能特征维度互联互通、融合共享和系统集成，BD 智能服务对应智能特征维度的新兴业态，BE 智能赋能技术对应智能特征维度的资源要素、互联互通、融合共享、系统集成和新兴业态，BF 工业网络对应智能特征维度的互联互通和系统集成。C 行业应用标准位于智能制造标准体系结构图的最顶层，面向行业具体需求，对 A 基础共性标准和 B 关键技术标准进行细化和落地，指导各行业推进智能制造。

第 2 章 基础共性标准

基础共性标准用于统一智能制造相关概念,解决智能制造基础共性关键问题,主要包括通用、安全、可靠性、检测、评价、人员能力 6 个部分。

2.1 通用标准

2.1.1 数字化车间术语定义

国家标准 GB/T 37413—2019《数字化车间 术语和定义》界定了数字化车间的通用术语、基础设施类术语、功能类术语和系统集成类术语。该标准适用于我国离散制造业数字化车间的各应用领域。

1. 通用术语

数字化:以数字形式表示(或表现)本来不是离散数据的数据。例如,将图像或声音转化为数字码,以便这些信息能由计算机系统处理与保存。

数字化车间:以生产对象所要求的工艺和设备为基础,以信息技术、自动化、测控技术等为手段,用数据连接车间不同单元,对生产运行过程进行规划、管理、诊断和优化的实施单元。

数字化制造:一种利用数字化定量表述、存储、处理和控制的方法,支持产品生命周期和企业全局优化的制造技术。

计算机辅助设计:使用信息处理系统完成诸如设计或改进零、部件或产品的功能,包括绘图和标注的所有设计活动。

计算机辅助制造:利用计算机将产品的设计信息自动地转换成制造信息,以控制产品的加工、装配、检验、试验和包装等全过程,并对与这些过程有关的全部物流系统进行控制。

计算机辅助工艺规划:利用计算机生成零件工艺规程的过程。

制造模式:制造系统的体制、经营、管理、生产组织和技术系统的形态以及运作的方式。例如,精益生产、敏捷制造等。

离散制造：将原材料加工成零件，经过部件组装和总体组装成为产品，完全是按照装配方式加工的过程。

网络化制造：企业利用网络技术开展产品设计、制造、销售、采购、管理等一系列制造活动的总称。

现代集成制造：从实现企业内部的信息集成和功能集成，发展到实现产品开发过程的集成，进而实现全球企业间集成的敏捷化生产。

车间作业管理：利用来自车间的数据及其他数据处理文件，维护和传送生产订单及工作中心各种状态信息的系统。

制造系统：由一个特定的信息模型所指定的系统，它支持制造过程的执行和控制。制造厂的制造过程中包括信息流、物流和能源流。

制造执行系统：生产活动管理系统，该系统能启动、指导、响应并向生产管理人员报告在线、实时生产活动的情况。

智能制造系统：采用人工智能、智能制造设备、测控技术和分布自治技术等各学科的先进技术和方法，实现从产品设计到销售整个生产过程的自律化。

产品生命周期管理：以产品的整个生命周期过程为主线，从时间上覆盖产品市场调研、设计、生产、销售、维护、报废和回收利用等的全过程，从空间上覆盖企业内部、供应链上的企业及最终用户，实现各类数据的产生、管理、分发和使用。

企业应用集成：为分布的、异构的开放系统环境提供一个交互式通信框架，开发一个集成结构使得制造数据可以准确地、兼容地、安全地在虚拟企业中通信，以支持最优的制造过程。

协同能力：分布的组织/组织单元在计算机支持的协同工作环境下共同工作的能力。例如，并行工作、协调、冲突解决、信息互换等。

柔性：系统所具有的快速而经济地适应环境变化或由环境引起的不确定性的内在能力。

人机交互：人与机器互相配合，共同完成一项任务的过程。

2. 基础设施类术语

生产资源：生产所需的除制造设备以外的制造资源。如人员、元器件、成品、半成品、辅助工具等。

数控装置：数控机床的核心，接收输入装置送来的脉冲信号，经过系统软件或逻辑电路进行编译、运算和逻辑处理后，输出各种信号和指令控制机床的各个部分，进行规定的、有序的动作。

作业工位：数字化车间里生产过程最基本的生产单元。

工序：一个或一组工人在同一工作地对同一个或同时对几个工件所连续完成的那一部分工艺过程。

工艺路线：产品及零部件的加工方法及加工次序的信息。

生产单元：用于一种或多种原料的转换、分离或反应，生产出中间或最终产品的一组生产设备。

生产线：专用于生产特定数量产品或产品系列的一系列设备。

3．功能类术语

1）车间计划与调度

作业计划：根据企业季度、月度、日生产计划的具体规定，为各个工段、班组、个人或每个工作地制定的以周、日、班以至小时计，制造同一产品的计划。

详细生产排产：组织和构造生产现场作业计划的集合，并对单个或多个产品的相关生产顺序进行排序。

详细调度：详细规划和执行生产工单的工具。

提前期：以交货日期为基准倒排计划，推算出工作的开始日期或者订单下达日期所产生的时间跨度。

加工提前期：生产物料所需要的全部时间，不包括底层采购提前期。

生产的产能：在企业内完成生产的各种资源的能力。

生产控制：在一个工场或区域内管理所有生产的功能的汇总。

生产规则：用来规范制造过程中如何生产某种产品的信息。

产品段：某一特定产品的资源清单和生产规则间共享的信息。

作业任务：根据动态的现场情况，为作业计划分派人员、设备等资源后，下发给作业人员或设备的可执行的单一产品的生产制造工作。

2）工艺执行与管理

物料清单：所有组装件、零件和(或)生产一种产品所用物料的清单，包括制造一种产品所需要的每种物料的数量。

资源清单：所有资源以及在生产一种产品的生产过程中所需要的资源的列表。

低层码：用以标识物料在物料清单中出现的最低层次的代码。

看板：在特定时间按所需数量向所需零部件发出生产指令的信息媒介。

看板管理：一种基于卡片、标签或计算机显示屏的生产调度及物流管理信息系统。

数据采集：将传感器、变送器及其他物理信号源和各业务系统的数据源以某种方式对测到的量值进行数据存储、处理、显示、打印或记录，从中获取和收集各种模拟量、数字量、脉冲量、状态量等形态数据的技术。

信息采集：根据企业管理和控制的需求，把企业内外各种形态的信息收集并汇总，供信息化集成系统使用。

机器数据采集：用于规划和控制生产工单的参数、生产指标、状态和机器运行时间的相关信息。

生产数据采集：收集当前运行过程中的数据和状态信息。

生产求助：作业工位上作业人员对发生的各种异常情况发出求助信息，提示相关人员及时处理。

生产监视与控制：用于收集和处理生产相关数据的实时系统。

返修管理：通过采取措施使不合格产品满足预期用途的过程管理。

排序：确定产品生产的位置（机器分配）、产品或批处理的顺序（次序规划）和生产的时间（时间规划）。

工艺数字化管理：按照适当的数字化模型将复杂的工艺信息转变成计算机可读取、可存储、处理的数字、数据，并借助计算机网络、计算机软件对这些工艺数字、数据进行管理。

3）生产过程质量管理

质量：产品或服务的所有属性、特点满足要求的程度。

质量控制：质量管理的一部分，致力于满足质量要求。

质量管理体系：在质量方面指挥和控制组织的管理体系。

控制图：为检测过程、控制和减少过程变异，将样本统计量值序列以特定顺序描点绘出的图。

监控与数据采集：用于监测和控制工艺过程的软件系统。它们可视化过程的执行、记录过程数据，并允许操作员控制设备和过程。

供应链管理：利用计算机网络技术全面规划供应链中的商流、物流、信息流、资金流等，并进行计划、组织、协调与控制。

统计过程控制：着重于用统计方法减少过程变异、增进对过程的认识，使过程以所期望的方式运行的活动，包括过程控制和过程改进两部分。

统计质量控制：监视对时常采样结果质量标准的符合性。

跟踪和追溯：在生产、运输、使用等过程中对物品的识别和跟踪。

4）生产物流管理

齐套管理：在车间制造执行及外协采购执行之后，按照订单交付时间，启动基于订单制造的产品装配件的备齐工作。

销售物流：企业为满足社会需要，保证企业自身经营效益和再生产，通过销售活动将产品所有权转给用户的物流活动。

物流调度：在稀缺资源分配过程中所涉及的物流的调配。

工序物流：与储存和移动有关的生产物流。

生产物流：企业生产过程发生的涉及原材料、在制品、半成品、产成品等所进行的物流活动。

生产物流管理：发出实时、具体的物流指令，调度物流资源、驱动物流设备、控制物流状态，按排产计划与调度要求为生产过程各个工位或区域供应生产作业所需物料，保障车间生产任务有效完成。

供应物流：企业为保证生产过程正常运行而进行的物流活动。

仓库管理系统：为提高仓储作业和仓储管理活动的效率，对仓库实施全面地系统化管理的计算机信息系统。

5) 车间设备管理

设备管理：以设备为研究对象，追求设备综合效率，应用一系列理论、方法，通过一系列技术、经济、组织措施，对设备的物质运动和价值运动进行全过程管理。

视情维护：基于故障机理的分析，根据不解体测试的结果，当维修对象出现"潜在故障"时就进行调整、维修或更换，从而避免"功能故障"的发生。

预测性维护：根据观察到的状况而决定的连续或间断进行的预防性维修，以监测、诊断或预测构筑物、系统或部件的条件指标。这类维修的结果应表明当前和未来的功能能力或计划维修的性质和时间表。

整体设备效率：设备实际的生产能力相对于理论产能的比率，用于指示技术装备整体有效利用率。

4. 系统集成类术语

企业资源计划：管理、定义和标准化必要经营流程以有效计划和控制企业的一种框架，其全面集成企业物流、信息流和资金流，为企业提供经营、计划、控制与业绩评估等的管理模式。

关键绩效指标：指示战略和运营目标实现程度的性能和经济测量值。

材料管理：对生产过程中材料流以及相关信息流的规划和控制。

工单管理：用于记录、处理、追踪一项工作的完成情况的管理系统。

工厂资产管理系统：一种软件系统，用于对生产相关设备的管理和在线监测。

生产分派清单(派工单)：特定生产工作命令的集合，这些命令按给定的地点、时间、活动开始或结束的事件来处理特定资源集合。

追溯：提供资源和产品使用的组织记录的活动，利用跟踪信息从任何节点向前或向后追踪。

资源：执行企业活动和(或)业务过程所需的人员、设备、物料的集合。

系统集成技术：把来自各方的各类部件、子系统、分系统，按照最佳性能的要求，通过科学方法与技术进行综合集成，组成有机、高效、统一、优化的系统。

2.1.2 对象标识与元数据表示

1. 对象标识

国家标准 GB/T 37695—2019《智能制造　对象标识要求》提出了工业领域智能制造对象标识解析体系结构，规定了智能制造对象标识要求和解析要求。该标准适用于工业领域智能制造对象的标识解析体系建设。

1) 对象标识解析体系结构

对象标识解析体系结构如图 2-1 所示，其包含对象编码、对象元数据和注册解析系统三部分。对象编码是针对对象进行唯一标识,通过与对象规范的元数据进行关联,依托注册解析系统,得到对象编码所关联的规范的信息。

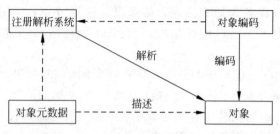

图 2-1 智能制造对象标识解析体系结构

2) 对象标识要求

智能制造领域对象编码规则应符合国家标准 GB/T 26231—2017《信息技术　开放系统互连对象标识符(OID)的国家编号体系和操作规程》的有关规定,解析要求应符合 GB/T 35299—2017《信息技术　开放系统互连对象标识符解析系统》的规定,采用 OID 标识体系,具有分层结构,如图 2-2 所示。

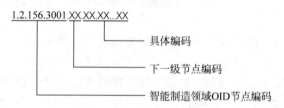

图 2-2 智能制造对象编码规则

智能制造领域 OID 节点编码是由智能制造对象标识顶级运营机构向国家 OID 注册中心申请注册,由国家 OID 注册中心统一分配,其数字值为 1.2.156.3001,其业务范围是为智能制造领域的各类对象进行规范的标识解析、统一管理。下一级节点编码由智能制造标识运营机构规划,分配方案见表 2-1。

表 2-1 下一级节点编码的分配方案

智能制造领域 OID 节点	下一级节点	分配对象
1.2.156.3001	1~100	基础共性技术
	101~10 000	行业标识管理机构
	10 001~11 000	现有标识体系
	11 001~100 000	第三方机构
	100 001 以上(含)	企业

基础共性技术节点编码由智能制造领域标识顶级运营机构负责分配,其业务范围是为智能制造领域的各类基础共性技术进行标识解析。具体编码规则由智能制造领域顶级标识运营机构制定,分配方案如表 2-2 所示。

表 2-2　智能制造领域基础共性技术节点编码的分配方案

智能制造领域 OID 节点	基础共性技术节点(1~100)	分 配 对 象
1.2.156.3001	1	元数据
	2~100	预留

行业标识管理机构节点编码可由行业主管部门、协会或行业研究机构和具有行业代表性的企业向智能制造标识运营机构申请注册,其业务范围是为智能制造领域各行业的对象提供标识解析服务。分配方案由智能制造领域顶级标识运营机构制定,如表 2-3 所示。

表 2-3　智能制造领域行业标识管理机构节点编码的分配方案

智能制造领域 OID 节点	行业标识管理机构节点(101~10 000)	分 配 对 象
1.2.156.3001	依据 GB/T 4754—2017 小类划分	工业领域各行业

现有标识体系节点编码由现有标识体系运营机构向智能制造标识运营机构申请注册。其业务范围是针对现有标识体系中的对象,提供基于 OID 的标识解析服务。分配方案由智能制造标识运营机构制定,如表 2-4 所示。

表 2-4　智能制造领域现有标识体系节点编码的分配方案

智能制造领域 OID 节点	现有标识体系节点（10 001~11 000）	分 配 对 象
1.2.156.3001	10 001	Handle
	10 002	Ecode
	10 003	统一社会信用代码

第三方机构节点编码可由为企业服务的机构(包含企业或研究机构等)向智能制造标识运营机构申请注册,其业务范围是智能制造领域中,向其他企业提供标识解析服务。分配方案由智能制造标识运营机构制定,如表 2-5 所示。

表 2-5　智能制造领域第三方机构节点编码的分配方案

智能制造领域 OID 节点	第三方机构节点(11 001~100 000)	分 配 对 象
1.2.156.3001	11 001~100 000(顺序发放)	各第三方机构

企业节点编码可由企业直接向智能制造标识运营机构申请注册,其业务范围是智能制造领域中,企业向其内部的产品提供标识解析服务。企业节点编码分配由智能制造标识运营机构制定。已有统一社会信用代码的,宜采用统一社会信用代码作为节点编码。具体编码规则,由企业自行制定,编码规则需向智能制造标识运营机构备案。

2. 核心元数据表示

国家标准 GB/T 38555—2020《信息技术　大数据　工业产品核心元数据》规

定了工业产品的核心元数据及其表示方法,适用于工业生产活动中对产品基本信息的分类、编目、发布和查询。本标准分计划数据、设计数据、采购数据、生产数据、销售数据、物流数据和服务数据七类定义工业产品核心元数据。每个元数据用9个属性描述,属性名及其定义见表2-6。元数据表示示例如表2-7所示。

表2-6 元数据属性

序号	属性名	定义
1	标识符	唯一标识元数据的字符串
2	中文名称	元数据的中文名称
3	英文名称	元数据的英文全称
4	编写名	元数据的英文缩写名称
5	定义	元数据含义的解释
6	数据类型	元数据的有效值的类型
7	值域	元数据所允许值的集合
8	最大出现次数	说明元数据可以具有的最大实例数目。只出现一次的用"1"表示,多次重复出现的用"N"表示
9	备注	元数据的附加注释

表2-7 元数据表示示例

属性名	产品生产计划	图纸数据
标识符	1.2.156.3001.1.1.01.001	1.2.156.3001.1.1.02.001
中文名称	产品生产计划	图纸数据
英文名称	product production plan	drawing data
编写名	PPP	DD
定义	企业对生产任务做出统筹安排,具体拟定生产产品的品种、数量、质量和进度的计划数据	由设计软件输出的产品图形化数据
数据类型	字符串	二进制
值域	自由文本	无
最大出现次数	1	N
备注	无	无

计划数据包括:产品生产计划、产品采购计划、产品销售计划等。

设计数据包括:图纸数据、图纸质量数据、属性管理数据、标注数据等。

采购数据包括:生产厂商名称、生产厂商代码、生产厂商联系电话、生产厂商传真号码、生产厂商电子邮箱、生产厂商地址、生产厂商统一资源标识符、生产厂商邮政编码、产品采购订单数据。

生产数据包括:产品标识符、产品名称、产品描述、产品型号、产品品牌、产品规格、产品主要原材料、产品质量信息、产品生产日期、产品有效日期、产品行业分类名称等。

销售数据包括：销售报价数据、销售订单数据、销售合同管理数据等。

物流数据包括：产品发货单号、产品发货日期、产品发货方式、物流公司名称、发票管理数据、应付款管理数据、供应商管理数据、仓储管理数据、配送管理数据等。

服务数据包括：售后服务联系方式、服务记录、潜在客户管理数据、应收款管理数据、退/换货管理数据、客户管理数据、备件数据、产品技术数据、客户询单数据、客户签收数据等。

> **拓展阅读**

GB/T 33745—2017《物联网　术语》

GB/T 36478.3—2019《物联网　信息交换和共享　第3部分：元数据》

GB/T 33745
—2017

GB/T 36478.3
—2019

2.2　安全标准

2.2.1　数控网络安全技术要求

国家标准 GB/T 37955—2019《信息安全技术　数控网络安全技术要求》提出了数字化工厂或数字化车间的数控网络安全防护原则，规定了数控网络的安全技术要求，包括设备安全技术要求、网络安全技术要求、应用安全技术要求和数据安全技术要求。该标准适用于数控网络安全防护的规划、设计和检查评估。

1. 数控网络信息安全防护原则

1）网络可用

各类安全防护措施的使用不应对数控网络的正常运行以及数控网络与外部网络的交互造成影响。

2）网络隔离

数控网络应仅用于数控生产加工业务，应采用专用的物理网络，与外部网络的交互应采取有效的安全防护措施。

3）分区防御

应将数控网络划分为数控网络-监督控制区域和数控网络-数控设备区域。数控网络-数控设备区域按照生产功能可进一步划分为不同的子区域。对不同的区域应根据安全要求采取安全保护措施。在不影响各区域工作的前提下，应于各区域边界处采取安全隔离措施，确保各个区域之间有清楚明晰的边界设定，并保障各区域边界安全。

4）全面保护

数控网络的安全防护可通过物理访问控制措施、管理措施以及技术措施实现。单一设备的防护、单一防护措施或单一防护产品的使用无法有效地保护数控网络，数控网络的防护应采取多种安全机制和多层防护策略。

2. 设备安全技术要求

1) NC 服务器和采集服务器安全技术要求

（1）身份鉴别。基本要求包括：应能够唯一地标识和鉴别登录 NC 服务器操作系统、采集服务器操作系统和 NC 服务器数据库系统的用户；应能够通过设置最小长度和多种字符类型以达到强制配置 NC 服务器操作系统、采集服务器操作系统和 NC 服务器数据库系统的用户口令强度的目的；应通过加密方式存储用户的口令；应对连续无效的访问尝试次数设置阈值，在规定的时间周期内，对 NC 服务器操作系统、采集服务器操作系统和 NC 服务器数据库系统的访问尝试次数超出阈值时，应能够进行告警并进行锁定，直到管理员解锁。

（2）访问控制。基本要求包括：应对登录 NC 服务器、采集服务器操作系统和 NC 服务器数据库系统的用户分配账号和权限，根据用户的角色仅授予用户所需的最小权限；应支持 NC 服务器、采集服务器操作系统和 NC 服务器数据库系统的授权用户管理所有账号，包括添加、激活、修改、禁用和删除账号；应支持重命名 NC 服务器、采集服务器操作系统和 NC 服务器数据库系统的默认账号和修改默认账号的默认口令；应支持删除或禁用 NC 服务器、采集服务器操作系统和 NC 服务器数据库系统多余的、过期的账号，避免存在共享账号；应能够配置非活动时间周期，对 NC 服务器、采集服务器操作系统和 NC 服务器数据库系统的用户，应在安全策略规定的非活动时间周期后自动启动或通过手动启动会话锁定以防止进一步访问，会话锁定应一直保持有效，直到发起会话的人员或其他授权人员使用适当的身份标识和鉴别重新建立访问；应支持 NC 服务器、采集服务器操作系统和 NC 服务器数据库系统的授权用户或角色对所有用户的权限映射进行规定和修改。

（3）入侵防范。基本要求包括：采集服务器、NC 服务器的操作系统应采用最小化安装原则，只安装必要的组件和应用软件；应明确阻止或限制使用采集服务器、NC 服务器的 USB 等外设端口和无线功能；不准许未授权的移动设备连接采集服务器或 NC 服务器，不准许授权移动设备进行超越其权限的操作；不准许通过即时消息通信系统与数控网络外的用户或系统通信；应关闭不需要的系统服务、默认共享和端口。

（4）资源控制。基本要求包括：应按照供应商提供的指南中所推荐的网络和安全配置进行设置；应对设备的运行资源进行监视，包括但不限于 CPU、硬盘、内存等资源的使用情况；应提供 NC 服务器和工业交换机的硬件冗余，保证系统的可用性。

（5）恶意代码防范。基本要求包括：应在采集服务器、NC 服务器部署恶意代码防护机制以达到防恶意代码的目的；采集服务器、NC 服务器恶意代码的防护不应改变系统的配置、读取敏感信息、消耗大量系统资源或影响系统的可用性；应在采集服务器、NC 服务器上限制使用可能造成损害的移动代码技术，包括但不限于防止移动代码的执行、对移动代码的源进行鉴别和授权、监视移动代码的使用；采集服务器、NC服务器上恶意代码的防护机制应定期进行升级,恶意代码防护机制的升级不应影响正常的生产且升级内容应经过充分的测试。

(6) 安全审计。基本要求包括:应对包括但不限于用户登录操作系统、对NC代码的访问、NC代码传输、请求错误、备份和恢复、配置改变等安全事件进行审计;审计记录应包括但不限于时间戳、来源、类别、事件标识和事件结果等;设备应设置足够的审计记录存储容量;应通过权限控制、加密存储等对设备的审计记录进行保护;在审计记录生成时,设备应提供时间戳;应定期备份审计记录,避免受到未预期的删除、修改或覆盖等而丢失审计信息;应能够对时钟同步频率进行配置,按照设定的频率进行系统时钟同步。

2) 数控设备安全技术要求

(1) 身份鉴别。基本要求包括:应能够唯一地标识和鉴别登录数控设备操作系统的用户;应能够对数控设备操作系统的用户组、角色进行唯一标识;应能够通过设置最小长度和多种字符类型以达到强制配置数控设备口令强度的目的;应通过加密方式存储用户的口令;应对数控设备操作系统用户在规定的时间周期内连续无效的访问尝试次数设置阈值,当访问尝试次数达到阈值时,应能进行告警并在规定的时间内进行锁定,直到管理员解锁。

(2) 访问控制。基本要求包括:应对登录数控设备操作系统的用户分配账号和权限,遵循职责分离原则,根据用户的角色仅授予用户所需的最小权限;应支持数控设备操作系统授权用户管理所有账号,包括添加、激活、修改、禁用和删除账号;应支持重命名数控设备操作系统默认账号或修改默认账号的默认口令;应支持删除或禁用数控设备操作系统多余的、过期的账号,避免共享账号的存在;应支持配置非活动时间,超过非活动时间后,数控设备操作系统用户应自动启动或通过手动启动会话锁定以防止进一步访问,会话锁定应一直保持有效,直到拥有会话的人员或其他授权人员使用适当的身份标识和鉴别重新建立访问;应支持数控设备操作系统授权用户或角色对所有用户的权限映射进行规定和修改。

(3) 入侵防范。基本要求包括:数控设备的操作系统应采用最小化安装原则,只安装必要的组件和应用软件;应明确阻止或限制使用数控设备的USB等外设端口和无线功能;不准许未授权的移动设备连接数控设备、授权的移动设备超越其权限操作。

(4) 安全审计。基本要求包括:应对包括但不限于用户登录操作系统、对NC代码的访问、NC代码传输、请求错误、备份和恢复、配置改变等安全事件进行审计;审计记录应包括时间戳、来源、类别、事件ID和事件结果等;设备应允许用户设置审计记录的存储容量;应通过权限控制、加密存储等对设备的审计记录进行保护;应定期备份审计记录,避免受到未预期的删除、修改或覆盖等而丢失审计信息。

3) 网络通信设备安全技术要求

(1) 身份鉴别。基本要求包括:应对登录的用户进行身份标识和鉴别,身份标识具有唯一性,身份鉴别信息具有复杂度要求并定期更换;应具有登录失败处理功能,采取结束会话、限制非法登录次数等措施;当进行远程管理时,应采取必要措施,防止鉴别信息在网络传输过程中被窃听。

(2) 访问控制。基本要求包括:应对登录的用户分配账号和权限;应删除默认账号或修改默认账号的默认口令;应及时删除或停用多余的、过期的账号,避免存在共享账号;应授予管理用户所需的最小权限,实现管理用户的权限分离。

(3) 安全审计。基本要求包括:应启用安全审计功能,审计覆盖到每个用户,对重要的用户行为和重要安全事件进行审计;审计记录应包括但不限于事件的日期和时间、用户、事件类型、事件是否成功及其他与审计相关的信息;应对审计记录进行保护,定期备份,避免受到未预期的删除、修改或覆盖等。

3. 网络安全技术要求

1) 网络架构

基本要求包括:应对数控网络与管理网络进行逻辑分区,对数控网络内部关键网络区域与其他网络区域进行逻辑分区。宜在数控网络内部划分出隔离区。

2) 边界防护

基本要求包括:应监视和控制数控网络和管理网络、互联网之间的通信以及数控网络内各区域之间的通信;应在各边界默认拒绝所有网络数据流,仅允许例外的网络数据流;应能够对非授权设备私自连接到数控网络内部的行为进行限制或检查,并进行有效阻断;应能够对数控网络内部用户私自连接到外部网络的行为进行限制或检查,并进行有效阻断。

3) 访问控制

基本要求包括:在数据传输之前,应能够对通信的双方进行身份鉴别;远程维护数控设备时,应通过可信信道接入,采用单向访问控制措施,不准许从数控设备获取 NC 代码等工艺信息,应采用加密技术防止鉴别信息在网络传输过程中泄露;应通过设定终端接入方式或网络地址范围对通过网络进行管理的终端进行限制;应支持配置非活动时间,超过非活动时间后,应终止远程会话;应在数控设备层和监督控制层之间、监督控制层和管理网络之间部署保护设备,对进出网络的数据流量进行深度解析,对数据流量的源地址、目的地址、源端口、目的端口和协议等信息进行检查过滤,以允许/拒绝数据包进出数控网络。

4) 入侵防范

基本要求包括:应在数控设备层和监督控制层之间、监督控制层和管理网络之间的关键网络节点处检测,防止或限制从外部发起的网络攻击行为;应能够通过网络行为分析实现对网络攻击的检测;应在数控设备层和监督控制层之间、监督控制层和管理网络之间的关键网络节点处检测和限制从内部发起的网络攻击行为;应能够对检测到的入侵行为进行告警。

5) 无线使用控制

基本要求包括：应能够对数控网络中参与无线通信的设备进行唯一标识和鉴别；应能够对数控网络中进行的无线传输进行加密；应能够对数控网络中无线连接的使用进行授权验证和监控。

6) 安全审计

基本要求包括：应在数控网络和管理网络、数控设备层和监督控制层之间的关键网络节点处采取审计机制进行安全审计，安全审计应包括但不限于流量审计、协议审计、内容审计、行为审计；应允许用户配置审计记录的存储容量；审计记录应包括但不限于时间戳、来源、类别、协议类型、事件标识和事件结果；在审计失败时(包括但不限于软件或硬件出错、审计捕获机制失败、审计存储容量饱和或溢出)应能够进行告警并能够采取恰当的措施(如覆盖最早的审计记录或停止审计日志生成)；应通过加密存储、权限控制、身份鉴别等方式保护审计信息和审计工具，防止其在未授权情况下被获取、修改和删除；应定期备份审计记录，避免受到未预期的删除、修改或覆盖等而丢失审计信息；应保护时间源以防止非授权改动，一旦改动则生成审计事件。

4. 应用安全技术要求

1) 身份鉴别

基本要求包括：应能够唯一地标识和鉴别登录采集服务器、NC 服务器、数控设备应用软件的用户；应能够通过设置口令的最小长度和多种字符类型以达到强制配置采集服务器、NC 服务器、数控设备应用软件用户的口令强度的目的；应通过加密方式存储用户口令；应能够对采集服务器、NC 服务器、数控设备应用软件的用户组、角色进行唯一标识；应对采集服务器、NC 服务器、数控设备应用软件的用户在配置时间周期内连续无效的访问尝试次数设置阈值，当访问尝试次数超出阈值时，应能进行告警并在规定的时间内进行锁定，直到管理员解锁。

2) 访问控制

基本要求包括：应对登录 NC 服务器、采集服务器、数控设备上的应用软件的用户分配账号和权限，遵循职责分离原则，根据用户的角色仅授予用户所需的最小权限；应支持 NC 服务器、采集服务器、数控设备上的应用软件的授权用户管理所有账号，包括添加、激活、修改、禁用和删除账号；应支持重命名 NC 服务器、采集服务器、数控设备上的应用软件的默认账号或修改这些账号的默认口令；应支持删除或禁用 NC 服务器、采集服务器、数控设备上的应用软件的多余或过期的账号，避免存在共享账号；应支持配置非活动时间周期，对 NC 服务器、采集服务器、数控设备上的应用软件，应在非活动时间周期后自动启动或通过手动启动会话锁定以防止进一步访问，会话锁定应一直保持有效，直到发起会话的人员或其他授权人员使用适当的身份标识和鉴别重新建立访问；对 NC 服务器、采集服务器、数控设备上的应用软件应支持授权用户或角色对所有用户的权限映射进行规定和修改。

3) 资源控制

基本要求包括：应能够对软件进程限制并发会话数量,并且会话数量可配置。

4) 软件容错

基本要求包括：应能够检查通过人机接口输入的内容是否符合系统设定要求；在故障发生时,应能够继续提供基本功能。

5) 安全审计

基本要求包括：应对包括但不限于用户登录、用户对 NC 代码的操作等用户行为、系统资源的异常使用和重要系统命令等重要的安全事件进行审计；审计记录应包括但不限于时间戳、来源、类别、事件标识和事件结果等；应通过权限控制、加密等方式保护审计信息,防止其在未授权情况下被获取、修改和删除；应定期备份审计记录,避免受到未预期的删除、修改或覆盖等而丢失审计信息。

5. 数据安全技术要求

1) 数据完整性

基本要求包括：应采用校验码技术或密码技术,保证传输的 NC 代码及设备状态等信息的完整性；应能够检测、记录、报告和防止对存储介质中的 NC 代码及设备状态等信息的未经授权的更改；应采用校验码技术或密码技术,保证 NC 代码、设备状态、审计记录等信息在存储过程中的完整性；应支持国家密码管理主管部门批准使用的密码算法,使用国家密码管理主管部门认证核准的密码产品,遵循相关密码国家标准和行业标准。

2) 数据保密性

基本要求包括：应对工艺文件、NC 代码等信息的传输进行加密保护；应对工艺文件、NC 代码、审计记录等信息的存储进行加密保护；应支持国家密码管理主管部门批准使用的密码算法,使用国家密码管理主管部门认证核准的密码产品,遵循相关密码国家标准和行业标准。

3) 数据备份恢复

基本要求包括：应设置安全策略,定期对存储在 NC 服务器上的 NC 代码、工艺文件、审计数据以及系统级和用户级的信息进行数据备份；应验证备份机制的可靠性。

4) 剩余信息保护

基本要求包括：清除不再使用的、退役组件上的工艺文件、NC 代码等敏感信息；应保证用户的鉴别信息在所在的存储空间被释放或重新分配前得到完全清除。

2.2.2 大数据安全管理指南

国家标准 GB/T 37973—2019《信息安全技术　大数据安全管理指南》提出了大数据安全管理的基本原则,规定了大数据安全需求、数据分类分级、大数据活动的安全要求、评估大数据安全风险。该标准适用于各类组织进行数据安全管理,也可供第三方评估机构参考。

1. 大数据安全管理基本原则

1) 职责明确

组织应明确不同角色和其大数据活动的安全责任。组织应根据组织使命、数据规模与价值、组织业务等因素,明确担任大数据安全管理者角色的人员或部门,大数据安全管理者可由业务负责人、法律法规专家、IT 安全专家、数据安全专家组成,为组织的数据及其应用安全负责;组织应明确大数据安全管理者、大数据安全执行者、大数据安全审计者,以及数据安全相关的其他角色的安全职责;组织应明确大数据主要活动的实施主体及安全责任。

2) 安全合规

组织应制定策略和规程以确保数据的各项活动满足合规要求。组织应理解并遵从数据安全相关的法律法规、合同、标准等,正确处理个人信息、重要数据,实施合理的跨组织数据保护的策略和实践。

3) 质量保障

组织在采集和处理数据的过程中应确保数据质量。组织应采取适当的措施确保数据的准确性、可用性、完整性和时效性,建立数据纠错机制,建立定期检查数据质量的机制。

4) 数据最小化

组织应保证只采集和处理满足目的所需的最小数据。组织应在采集数据前,明确数据的使用目的及所需数据范围,提供适当的管理和技术措施保证只采集和处理与目的相关的数据项和数据量。

5) 责任不随数据转移

当前控制数据的组织应对数据负责,当数据转移给其他组织时,责任不随数据转移而转移。组织应对数据转移给其他组织所造成的数据安全事件承担安全责任;在数据转移前进行风险评估,确保数据转移后的风险可承受;通过合同或其他有效措施,明确界定接收方接收的数据范围和要求,确保其提供同等或更高的数据保护水平,并明确接收方的数据安全责任;采取有效措施,确保数据转移后的安全事件责任可追溯。

6) 最小授权

组织应控制大数据活动中的数据访问权限,保证在满足业务需求的基础上最小化权限。组织应赋予数据活动主体最小操作权限和最小数据集;制定数据访问授权审批流程,对数据活动主体的数据操作权限和范围变更制定申请和审批流程;及时回收过期的数据访问权限。

7) 确保安全

组织应采取适当的管理和技术措施,确保数据安全。组织应对数据进行分类分级,对不同安全级别的数据实施恰当的安全保护措施;确保大数据平台及业务的安全控制措施和策略有效,保护数据的完整性、保密性和可用性,确保数据生命周期的安全;解决风险评估和安全检查中所发现的安全风险和脆弱性,并对安全防护措施不当所造成的安全事件承担责任。

8) 可审计

组织应实现对大数据平台和业务各环节的数据审计。组织应记录大数据活动中各项操作的相关信息,且保证记录不可伪造和篡改;采取有效技术措施保证对大数据活动的所有操作可追溯。

2. 大数据安全需求

1) 保密性

对于大数据环境下的保密性需求,应考虑以下几个方面:数据传输的保密性,使用不同的安全协议保障数据采集、分发等操作中的传输保密要求;数据存储的保密性,例如使用访问控制、加密机制等;加密数据的运算,例如使用同态加密等算法;数据汇聚时敏感性保护,例如通过数据隔离等机制确保汇聚大量数据时不暴露敏感信息;个人信息的保护,例如通过数据匿名化使得个人信息主体无法被识别;密钥的安全,应建立适合大数据环境的密钥管理系统。

2) 完整性

对于大数据环境下的完整性需求,应考虑以下几个方面:数据来源验证,确保数据来自已认证的数据源;数据传输完整性,应确保大数据活动中的数据传输安全;数据计算可靠性,应确保只对数据执行了期望的计算;数据存储完整性,应确保分布式存储的数据及其副本的完整性;数据可审计,应建立数据的细粒度审计机制。

3) 可用性

对于大数据环境下的可用性需求,应考虑以下几个方面:大数据平台抗攻击能力;基于大数据的安全分析能力,如安全情报分析、数据驱动的误用检测、安全事件检测等;大数据平台的容灾能力。

4) 其他需求

对于大数据安全,除了考虑信息系统的保密性、完整性和可用性,组织还应针对大数据的特点从大数据活动的其他方面分析安全需求,包括但不限于:与法律法规、国家战略、标准等的合规性;可能产生的社会和公共安全影响,与文化的包容性;跨组织之间数据共享;跨境数据流动;知识产权保护及数据价值保护。

3. 数据分类分级

1) 数据分类分级原则

科学性:按照数据的多维特征及其相互间逻辑关联进行科学和系统的分类,按照大数据安全需求确定数据的安全等级。

稳定性:应以数据最稳定的特征和属性为依据制定分类和分级方案。

实用性：数据分类要确保每个类目下都有数据，不设没有意义的类目，数据类目划分要符合对数据分类的普遍认识。数据分级要确保分级结果能够为数据保护提供有效信息，应提出分级安全要求。

扩展性：数据分类和分级方案在总体上应具有概括性和包容性，能够针对组织各种类型的数据开展分类和分级，并满足将来可能出现的数据的分类和分级要求。

2）数据分类分级流程

组织应结合自身业务特点，针对采集、存储和处理的数据，制定数据分类分级规范。规范应包含但不限于以下内容：数据分类方法及指南；数据分级详细清单，包含每类数据的初始安全级别；数据分级保护的安全要求。

组织应按照图 2-3 的流程对数据进行分类分级。组织应根据数据分类分级规范对数据进行分类；为分类的数据设定初始安全级别；综合分析业务、安全风险、安全措施等因素后，评估初始安全级别是否满足大数据安全需求，对不恰当的数据分级进行调整，并确定数据的最终安全级别。

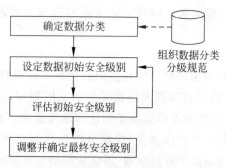

图 2-3　数据分类分级实施步骤

3）数据分类方法

组织应按照 GB/T 7027—2002《信息分类和编码的基本原则与方法》中的第 6 章进行数据分类，可按数据主体、主题、业务等不同的属性进行分类。

4）数据分级方法

组织应对已有数据或新采集的数据进行分级，数据分级需要组织的主管领导、业务专家、安全专家等共同确定。涉密信息的处理、保存、传输、利用按国家保密法规执行。组织可根据法律法规、业务、组织战略、市场需求等，对敏感数据进一步分级，以提供相适应的安全管理和技术措施。组织针对不同级别的数据应按照 GB/T 35274—2017 中的第 4～6 章的规定，选择恰当的管理和技术措施对数据实施有效的安全保护。

4. 大数据活动及安全要求

在数据生命周期中，组织可能参与数据形态的一个或多个阶段，将组织可能对数据实施的操作任务的集合,即活动。将活动划分为数据采集、数据存储、数据处理、数据分发以及数据删除等。

1) 数据采集

数据进入组织的大数据环境,数据可来源于其他组织或自身产生。组织开展数据采集活动时,应定义采集数据的目的和用途,明确数据采集源和数据采集范围;遵循合规原则,确保数据采集的合法性、正当性和必要性;遵循数据最小化原则,只采集满足业务所需的最少数据;遵循质量保障原则,制定数据质量保障的策略、规程和要求;遵循确保安全原则,对采集的数据进行分类分级标识,并对不同类和级别的数据实施相应的安全管理策略和保障措施,对数据采集环境、设施和技术采取必要的安全管控措施。

2) 数据存储

将数据持久存储在存储介质上。组织开展数据存储活动时,应将不同类别和级别的数据分开存储,并采取物理或逻辑隔离机制;遵守确保安全原则,主要考虑存储架构安全、逻辑存储安全、存储访问控制、数据副本安全、数据归档安全、数据时效性管理几个方面;建立数据存储冗余策略和管理制度,及数据备份与恢复操作过程规范。

3) 数据处理

通过该活动履行组织的职责或实现组织的目标。处理的数据可以是组织内部持久保存的数据,也可以是直接接入分析平台的实时数据流。组织开展数据处理活动时,应依据个人信息和重要数据保护的法律法规要求,明确数据处理的目的和范围;建立数据处理的内部责任制度,保证分析处理和使用数据不超出声明的数据使用目的和范围;遵循最小授权原则,提供数据细粒度访问控制机制;遵循确保安全原则,主要考虑分布式处理安全、数据分析安全、数据加密处理、数据脱敏处理、数据溯源几个方面;遵循可审计原则,记录和管理数据处理活动中的操作;对数据处理结果进行风险评估,避免处理结果中包含可恢复的敏感数据。

4) 数据分发

组织在满足相关规定的情况下将数据处理生成的报告、分析结果等分发给公众或其他组织,或将组织内部的数据适当处理后进行交换或交易等。组织开展数据分发活动时,应遵循责任不随数据转移原则;个人信息、重要数据等有出境需求时,应根据相关法律法规、政策文件和标准执行出境安全评估;在数据分发前,对数据进行风险评估,确保数据分发后的风险可承受,并通过合同明确数据接收方的数据保护责任;在数据分发前,对数据的敏感性进行评估,根据评估结果对需要分发的敏感信息进行脱敏操作;遵循可审计原则,记录时间、分发数据、数据接收方等相关信息;评估数据分发中的传输安全风险,确保数据传输安全;提供有效的数据安全共享机制;建立数据发布的审核制度,严格审核发布信息符合相关法律法规要求;明确数据发布的内容和范围;对发布的数据开展定期审核。

5）数据删除

当组织决定不再使用特定数据时，组织可以删除该数据。组织开展数据删除活动时，应删除超出数据留存期限的相关数据，对留存期限有明确规定的，按相关规定执行；依照数据分类分级建立相应的数据删除机制，明确需要进行数据销毁的数据、方式和要求，明确销毁数据的范围和流程；遵守可审计原则，建立数据删除策略和管理制度，记录数据删除的操作时间、操作人、操作方式、数据内容等相关信息。

> **拓展阅读**
>
> GB/T 37955—2019《信息安全技术　数控网络安全技术要求》

GB/T 37955—2019

2.3　可靠性标准

2.3.1　机床数控系统可靠性

国家标准 GB/T 38266—2019《机床数控系统　可靠性工作总则》规定了机床数控系统可靠性工作的对象、内容及要求，以及机床数控系统产品可靠性要求。该标准适用于机床数控系统（以下简称"数控系统"或"数控产品"）。

1. 可靠性工作及要求

1）概述

可靠性工作是围绕数控系统的可靠性属性而开展的有关设计、试验、工艺、制造等一系列工作。可靠性工作贯穿于数控系统的全生命周期，是一个完整体系。生命周期过程中各项可靠性工作的具体性质不尽相同，在不同环节的工作内容侧重、表现形式、方法手段也有所不同。

数控系统可靠性工作目的是：实现或达到产品预期的可靠性要求；测定和（或）鉴定数控系统的可靠性水平；验证（检验）数控系统的可靠性水平；发掘数控系统存在的可靠性缺陷或薄弱环节；降低或消除可靠性缺陷或薄弱环节对产品可靠性的影响；保持或提升产品的可靠性水平；为可靠性工作开展积累数据；降低产品生命周期费用。

2）工作对象

按工作对象的不同，数控系统可靠性工作主要有：

（1）零件可靠性。零件的可靠性工作主要体现在元器件和零部件的筛选、选型、测试、验收等环节。

（2）整机可靠性。整机的可靠性工作主要体现在整机的设计、制造、测试、组装、运输、贮存、使用、维护等环节。

3) 工作内容

可靠性工作主要有以下内容：

(1) 可靠性管理。包括可靠性规划制定；可靠性管理制度建设；可靠性标准/规范制定；可靠性宣传与教育；可靠性培训与考核；信息与技术交流机制建设；可靠性增长管理，包括可靠性增长目标、计划、跟踪、控制等；可靠性数据管理（含数据记录、采集/收集、反馈、存档等）；可靠性监督、控制与评审。

(2) 可靠性设计。包括可靠性设计准则制定；可靠性建模；可靠性预计；可靠性分配；可靠性设计评审；元器件、零部件和原材料选型与控制；工艺设计选择与控制。

(3) 可靠性测评。包括适应性测试（如高低温循环测试、盐雾测试等）；寿命测试；可靠性鉴定与验收测试；筛选测试；测试信息记录与统计；可靠性评估。

(4) 可靠性分析。包括故障模式及影响分析，具体应按 GB/T 7826—2012《系统可靠性分析技术 失效模式和影响分析（FMEA）程序》的要求进行；故障树分析，具体应按 GB/T 7829—1987《故障树分析程序》的要求进行；潜在分析；容差分析；结构可靠性分析；失效分析；其他可靠性分析。

4) 要求

可靠性工作应满足以下要求：以预防为主；把预防、发现和纠正设计、制造、元器件及原料等方面的缺陷和消除单点故障作为可靠性工作的重点；与产品的研发、设计、制造、测试、检验、安装、使用等工作统一规划；与综合保障、维修性、测试性、安全性、质量管理等相关的工作相协调，并综合考虑可靠性工作的经济性、合理性、可行性和可验证性；应有具体的计划和目标，并记录工作开展的过程和结果，充分积累可靠性数据和经验。

2. 产品可靠性要求

产品是可靠性工作的对象，产品可靠性要求是开展可靠性工作的目标和落脚点。不同设计方案、不同结构类型、不同技术成熟度、不同生产工艺的产品，其固有可靠性通常不尽相同。对于不同的应用需求，产品的可靠性也会有不同的体现，所需投入的可靠性工作也会有差异。为了提高可靠性工作的效率，提升可靠性工作的科学性和合理性，在开展可靠性工作前应明确产品的可靠性要求。

1) 可靠性指标

(1) 定性指标。定性指标是从产品的使用效能和使用适应性出发，为了保证产品的可靠性而对产品提出的技术指标和原则，如在设计、工艺、软件及其他方面提出的非量化要求，采用成熟技术、简化、降额、环境适应性、冗余和模块化等设计要求，有关元器件使用、降额和热设计方面的要求等。

(2) 定量指标。定量化的可靠性指标通常包括任务可靠性要求、基本可靠性要求、贮存可靠性要求等。

2) 可靠性指标的确定原则

(1) 定性指标。定性指标确定的原则：应以产品的类型、技术复杂程度、使用与维修要求为依据；应综合反映产品的储运完好性、任务成功性、维修人力费用和保障费用等方面的目标；应具有可实施性。

（2）定量指标。

可靠性参数选取的原则：应覆盖寿命剖面和任务剖面各阶段（如贮存、运输、运行、维护维修等）及保障资源；可靠性参数的数量应尽可能少；在同一阶段中选用的参数应相互协调，但不应存在关联或互相可转换；在不同阶段选用的参数之间应有连贯性，即后一阶段的参数包容前一个阶段参数所描述的特征，或后一阶段的参数可由前一阶段的参数导出或两者相同；应符合工程习惯，选择使用频率高的参数；应能通过某种方法和手段进行验证和评估。

可靠性指标确定的原则：应考虑功能、市场的实际需求和发展趋势；应考虑使用要求、费用、进度、技术水平、复杂程度及相似产品的可靠性水平等因素；应权衡基本可靠性和任务可靠性要求；在确定可靠性指标时，应同时明确故障判据和验证方法。

3）可靠性指标的确定因素

（1）定性指标确定的因素：可靠性目标和使用要求；现行产品存在的主要问题；类似产品存在的主要问题；类似产品的定性要求。

（2）定量指标确定的因素：产品的任务需求；产品的寿命剖面和任务剖面；国内外相似产品的可靠性水平；可靠性定性要求；可靠性、维修性与保障性需求；产品设计方案；可靠性要求的验证方法；技术经济可行性分析；故障判据。

4）可靠性测试与评定

在产品研制、使用过程中，应按规定的可靠性要求并同时确定检验方法和接收、拒收判别准则。确定检验方法时应注意：适应性测试宜在样机阶段按 GB/T 26220—2010《工业自动化系统与集成　机床数值控制　数控系统通用技术条件》的要求进行；筛选测试宜在批生产下线后、投入使用或转储前进行；寿命测试、可靠性鉴定测试和验收测试宜按 GB/T 32245—2015《机床数控系统　可靠性测试与评定》的要求进行；当不能或不宜用试验方法验证或评估产品可靠性时，可利用产品零部件的可靠性数据（特别是试验结果）间接评估产品的可靠性水平是否符合要求。

2.3.2　设备可靠性评估方法

国家标准 GB/T 37079—2018《设备可靠性　可靠性评估方法》描述了在产品早期阶段实施的可靠性评估方法，主要是基于元件和模块现场使用和试验数据进行。该标准适用于需要执行关键任务、安全性要求高、商业价值大、集成度和复杂度高的产品。

1. 可靠性评估基本概念

1）可靠性评估描述

可靠性的传统定义是在规定的条件下和规定的时间内完成规定功能的能力。

对于单个产品而言，可靠性不是一种可分配和量度的属性，而是一种随机或概率的参数。因此，不能被精确和重复地量度，需要根据大量的累计使用情况（如工作时间、运行周期等）和观测到的失效数进行估计。它应用如"在 X 和 Y 之间成功完成任务的概率是 80%"或"在某个特定时间区间内不发生失效的概率在 0.963 和 0.995 之间"这样的置信语句描述。置信度和置信区间的详细解释见 IEC 61649。

2) 可靠性指标

可靠度 $R(t)$ 的通用表达式如式(2-1)所示，其中，$\lambda(t)$ 为瞬时失效率。

$$R(t) = \exp\left[-\int_0^t \lambda(t)\mathrm{d}t\right] \tag{2-1}$$

另一个通用的表达式为式(2-2)，其中，$f(t)$ 为失效概率密度函数。

$$f(t) = -\frac{\mathrm{d}R(t)}{\mathrm{d}t} = \frac{\mathrm{d}F(t)}{\mathrm{d}t} \tag{2-2}$$

利用以上方程，瞬时失效率可以用式(2-3)表示。

$$\lambda(t) = \frac{f(t)}{R(t)} \tag{2-3}$$

此外，平均失效前时间指标 MTTF 也经常使用，其值为

$$\mathrm{MTTF} = \int_0^\infty R(t)\mathrm{d}(t) \tag{2-4}$$

当 $\lambda(t)$ 是一个不随时间变化的常数时，则写成 λ。此时，产品失效前时间服从指数分布，以下关系成立：

$$R(t) = \exp(-\lambda t) \tag{2-5}$$

$$f(t) = \lambda \exp(-\lambda t) \tag{2-6}$$

$$\lambda(t) = \lambda \tag{2-7}$$

$$\mathrm{MTTF} = \frac{1}{\lambda} \quad (\text{常用符号 } \theta \text{ 表示}) \tag{2-8}$$

与时间无关的参数 λ 被定义为恒定失效率。恒定失效率有许多特性，其中之一是"产品的失效前时间的分布均值是 $1/\lambda$"。对于不可修的产品（零部件），该均值表示产品发生失效前所需时间的统计期望，通常称作平均寿命或 MTTF。恒定失效率的另一个用途是估计批量产品中剩余产品单位时间内减少的个数。需要注意的是，指数分布是失效率为定值时唯一适用的分布。当失效率不是定值时，寿命均值不是 $1/\lambda(t)$。对于可修的产品，MTTF 有时被误认为是产品的寿命而非恒定失效率的倒数。如果一个产品 MTTF 为 1 000 000 h，并不表示该产品可以无失效工作这么长时间（比人类平均寿命还长），而是指平均每 1 000 000 产品小时会有一个产品出现失效。也就是说，如果现场有 1 000 000 个产品，则在 1 h 内将平均有一个产品失效。

表 2-8 中的恒定失效率指标有几种等效的表达方法。例如，每年 1% 的失效率等效于失效率为 $1.1 \times 10^{-6} \mathrm{h}^{-1}$、1100FITs、每单位每年 0.01 个失效、每百万小时

1.1 个失效,以及每年每 1000 个产品(假设可更换时)中发生 10 个失效;如在不更换的情况下,1000 个产品中每年有 9.95 个失效。

表 2-8 恒定失效率的可靠性指标举例

恒定失效率指标	等效平均寿命	定 义	用 途
基于时间的恒定失效率	MTTF	总失效数除以总工作时间	当时间是相关参数时,作为可靠度预计的标准指标
基于循环数或者距离而非时间的恒定失效率	MCTF	总失效数除以总循环数或总距离(如千米)	当使用次数比使用时间更重要时,作为可靠度预计的标准指标。这些指标有时通过规定的工作剖面或者占空比来转化成基于时间的指标
恒定恢复/修理率	MTTR	总恢复/修理数除以总产品工作时间	用于确定维修仓库的大小和制造维修线
恒定替换率	MTTR	总替换数除以总产品工作时间	当没有开展失效分析时,可用作恒定失效率的替代品;用于保质期分析
恒定服务或客户呼叫率	MTTSC	总服务/客户呼叫数除以总产品工作时间	恒定失效率的客户感知度;用来确定保障需求量
恒定保修请求率	MTTWC	总保修数除以总保修的产品工作时间	对确定保修价格和保修储备很有用
恒定服务中断率	MTTSI	服务间断数除以总产品工作时间	恒定失效率的客户感知;可作为可用度指标

2. 可靠性评估方法

可靠性评估应采用可记录、可控制和可重复的方法与技术,其中可能包括分析与试验。在数据质量可靠的情况下,推荐搜集和使用已有产品的现场使用数据来实施可靠性评估。评估方法应经受一定确认,确认文件中应包含确认结果来表明每种方法的准确度和限制条件。这些信息可用于确认一种评估方法对于某项特定的可靠性评估工作的适用性。现场使用数据也为每种评估方法的持续确认提供了可能。在采取了有效的改进措施后,可以通过可靠度预计值和实际可靠性表现之间的相关性来确认所选后续评估方法的合理性。

1) 相似性分析

相似性分析利用已有设备使用数据来比较用途和承受环境相似的新研设备和在役设备,进而评估新研产品的可靠性。

尽管相似性分析的概念很大一部分是基于"相似性"设计来定义的,但是区分两者之间的不同则对于深入分析和试验更为重要,它使得该方法更加有效。在概念和设计的早期阶段通过相似性分析可以从相似产品现场表现中获取经验,排除新产品中的问题,提高产品可靠性。

可以采用同一使用数据在最终产品、部件和元件不同层面上对比设备的相似性，但要针对下面列举的各种不同属性采用不同的算法和计算参数。功能级的相似设备对比还可以为安全性分析和架构决策提供基本失效率数据。需要对比的属性可能包括：运行和环境条件（量度的和规定的）；设计特性；设计过程；设计团队的相似产品设计经验；制造过程（包括质量控制）；制造商对相似元件和生产过程的经验；机内测试（BIT）和故障隔离特性；测试和维修过程；元件和原材料；技术成熟度的日期或其他量度；可靠性评估过程的质量。

相似性分析应当采用必要的算法或计算方法来量化被评估设备和已有设备的异同程度。当没有可与新产品类比的相似设备导致无法进行成品相似性分析时，可以进行较低层次的相似性分析（如部件级、模块级和元件级）。较低层次的分析可以对比新研设备与已投入使用设备各组成部分的结构，而这些已有设备的可靠性数据是可获取的。

相似性分析的检查单用于指导相似性分析的有效实施和简明结果报告的编制。建议在使用相似性分析的产品可靠性评估报告中包含以下条款。

（1）通用信息：分析日期、分析者姓名、分析授权（根据需要）、项目阶段、结果应用。

（2）参考信息：适用的可靠性评估计划文件、可靠性评估过程文件（可选，过程可能包含在报告文件的分析部分）、已有的归档数据。

（3）产品标识：新产品名称、部件号，已有产品名称、部件号。

（4）分析：分析级别（LRU级、SRU级、功能级等）、已有的产品数据汇总、属性对比（考虑用途和运行剖面）、属性差异的量化依据、算法或计算方法、在新研产品中确定无类似已有设备的组成单元及其评估方法。

（5）结果：可靠性评估指标（MTTF、失效率等）、可靠性指标的精度、可靠性指标（如果有适用的）。

2）耐久性分析

耐久性分析用于估计有寿件的寿命（失效率随时间变化）。耐久性分析可能包括分析和试验，或两者的结合。耐久性分析是一个系统过程，必要时可以按以下步骤进行：

（1）确定设备在其寿命期间将会经受的运行和环境载荷，包括运输、装卸、存储、使用和维修（应当确定载荷的极限值、典型值或平均值）。

（2）确定施加的载荷和失效物理边界之间的传递关系，如电路板安装关系、振动响应和阻尼。

（3）利用FEA等方法确定主要应力的量级和位置。

（4）利用FEA等方法确定可能的失效位置、失效机理和失效模式。

（5）利用合理的失效物理损伤模型确定能承受的关键应力持续时间，如利用阿伦尼斯方程、逆幂率法等。

(6) 失效位置、失效机理和失效模式的结果报告清单,按预计失效时间排序。

通常可从元件及模块供应商的产品设计规范或试验结果中获取所需信息。设备通常包含多种器件,每一器件具备多种失效模式,某些时候评估整机的可靠性会非常困难。在这种情况下,耐久性分析能有效应用在较低层次的产品中,用来分析设备内失效率非恒定值的失效模式和失效机理。这些分析结果还可以用来开展较高层次的分析,以评估整机的可靠性。耐久性主要与损耗过程相关,并不用于预测恒定失效率。

耐久性分析检查单给出了用于开展有效的耐久性分析和简明结果报告的检查单样例。建议在基于耐久性分析方法的产品可靠性评估报告中包含以下条款:

(1) 通用信息:分析日期、分析者姓名、分析授权(根据需求)、项目阶段、结果用途。

(2) 参考信息:适用的可靠性评估计划文件、耐久性分析过程文件(可选,过程可能包含在报告文件的分析部分)。

(3) 产品标识:用于评估的产品名称、用于评估的产品零部件号。

(4) 分析:确定合适的工作用途和环境应力,确定转化方程及其来源(试验、分析或两者兼具),确定施加应力的量级和位置,确定可能出现的失效位置、失效机理和失效模式,使用合适的损伤模型来预期寿命。

(5) 结果:确定失效模式如何影响整体可靠性指标、评估结果的精度。

3) 敏感性试验和分析

如果产品失效率是由几个容易了解的失效模式主导的,则可用加速试验来开展可靠性评估。步进应力试验作为敏感性试验日趋流行,其目的就是在短时间内激发失效,确定可能的失效机理,也能根据工作和环境应力提供设计裕度等信息。步进应力试验的对象是小样本的半成品或成品的部件。在某些特定情况下,步进应力试验还有很多其他类型,如 HALT、RET 等。

产品的载荷和环境设计裕度可通过失效物理分析和试验,尤其是步进应力试验来评估。这两种方法都可以确定可能出现的失效模式和保障产品敏感度,任何一种关联失效模式都可以在实际使用条件下评估。分析和试验并不总能评估产品可靠性,但对保障可靠性评估和提高产品可靠性有极大的帮助。

步进应力试验是将被试单元暴露在较低应力环境下,以步进的方式有计划地逐渐提高应力,直至至少出现下列任意一种情况:

(1) 应力水平已经远远超出预期的工作应力。

(2) 所有的被试单元失效都不可逆或不能被修复。

(3) 强应力条件会诱发新的失效机理,致使非关联失效发生或成为主导失效类型。非关联失效是与受试产品的设计不相关的失效,如试验设备失效、人员误操作或被试单元的生产缺陷。

步进应力试验不一定能提供量化的数据,但能确定失效模式,预计设计裕度。

当步进应力试验表明失效模式已与产品设计不关联,或者已经获得了足够的设计裕度时,可以从可靠性评估中排除该失效模式。

敏感性试验和分析检查单给出了有助于实施敏感度分析和简明结果报告的检查单样例。建议在使用敏感性试验和分析方法的产品可靠性评估报告中适当地包含以下条款。

(1) 通用信息:分析日期、分析者姓名、分析认可(根据需求)、项目阶段、结果用途。

(2) 参考信息:适用的可靠性评估计划文件、敏感性试验和分析过程文件(可选,过程可能包含在报告文件的分析部分)。

(3) 产品标识:新产品名称、新产品零部件号。

(4) 试验/分析:研究的失效模式、确定产品的工作和使用剖面、试验方法及其依据、试验结果、将试验结果转换成可靠性指标考核的统计方法。

(5) 结果:对可靠性指标结果的影响、可靠性指标的精度。

4) 数据手册预计

如果不能获取其他更好的数据,数据手册预计可以作为其他方式收集的数据补充。应当注意的是手册上的数据是来自整个工业范围内的现场和试验结果,是很多不同产品领域、产品类型和应用的综合平均。由于收集、分析和公布数据的时间延迟性,这些数据经常来自一些已经被淘汰的器件。因此不仅要关注手册的适用性,还要关注其修订日期。此外,数据手册并不涉及待评估产品的具体产品范围、使用环境、设计方法和装配过程。因此,相比手册数据,来自相似产品、元件或模块供应商的数据则更受欢迎。

数据手册预计是根据选定手册的指导说明或通过进行手册预计的软件实施的,最好能为每个应用都选择合适的手册,手册用户应保证手册适用性和当前应用优先。IEC 61709—2017《电气元件可靠性 转换用故障率和应力模型的参考条件》给出了利用电子产品元件的失效率数据开展可靠性预计的使用指南。可靠性预计准确性都是由数据源质量,以及与设计方案、用途和环境的相似性决定的。因此,使用通用数据源时需小心谨慎并且要降低其置信度,最好能从产品供应商处获取数据。

数据手册预计检查单给出了有助于实施有效的手册预计和简明结果报告的检查单。要注意的是零部件应力分析比零部件计算分析更有用,因为零部件应力分析考虑了被试产品的设计等级和预期使用环境。建议在使用了数据手册预计方法的产品可靠性评估报告中包含以下条款。

(1) 通用信息:分析日期、分析者姓名、分析认可(根据需求)、项目阶段、结果用途。

(2) 参考信息:适用的可靠性评估计划文件、可靠性预计手册、可靠性预计程序文件(适用性、通用性、适用的条件下手册方法的改变,可选,过程可能包含在报告文件的分析部分)、用于实施手册预计的工具(适用的条件下)。

(3) 产品标识：新产品名称、新产品零部件号。

(4) 分析：预计级别、手册方法中适用的输入数据、产品的用途和操作剖面。

(5) 结果：可靠性预计指标(MTTF、失效率等)、可靠性指标的精度、可靠性指标(如果有适用的)、预计的假设条件检查单(等级、环境参数、占空比和质量参数等)。

输入数据是选择可靠性评估方法的重要依据，详见 GB/T 37079—2018。

GB/T 39590.1—2020

> **拓展阅读**
>
> GB/T 39590.1—2020《机器人可靠性 第1部分：通用导则》
> GB/T 39266—2020《工业机器人机械环境可靠性要求和测试方法》
> GB/T 39006—2020《工业机器人特殊气候环境可靠性要求和测试方法》

GB/T 39266—2020

GB/T 39006—2020

2.4 检测标准

2.4.1 数控机床与工业机器人测评

国家标准 GB/T 39561.6—2020《数控装备互联互通及互操作 第6部分：数控机床测试与评价》规定了数控装备互联互通及互操作中数控机床测试与评价的测试系统结构、测试内容、测试流程、测试结果评价与测试文档，适用于面向智能制造中数控机床与数控装备间的通信互联、信息互通及互操作的测试与评价。国家标准 GB/T 39561.7—2020《数控装备互联互通及互操作 第7部分：工业机器人测试与评价》规定了面向智能制造中工业机器人通信互联、信息互通及互操作的测试与评价。

1. 测试系统结构

数控机床与工业机器人测试系统包括被测设备、测试设备，两者之间通过网络连接，根据实际需求可使用交换机等网络设备进行桥接。对于内置式实现互联互通的数控装置可以直接通过网络访问。对于外置适配器实现互联互通的数控装置，需通过适配器实现网络访问。例如，数控机床互联互通及互操作的测试系统结构示意图(图2-4)。

2. 测试内容

1) 网络连通性测试

网络连通性测试应包括：检测是否能利用机床数控装置(工业机器人)的网络接口实现数据字典所规定的方法的准确调用；检测网络接口是否具备传输文件的功能以及传输不同大小文件的传输速度；检测客户端访问服务器时的最大响应时间；检测数据包误码率以及丢包率等。

2) 数据字典一致性测试

数据字典一致性测试应包括：检测是否能利用网络接口按数控机床(工业机

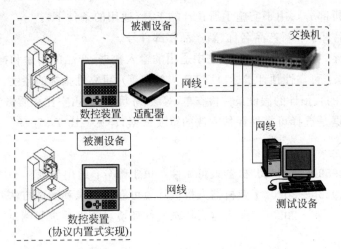

图 2-4　数控机床互联互通及互操作的测试系统结构示意图

器人)数据字典的内容准确读取索引号对应的静态、过程及配置属性信息;检测是否能利用数控装置(工业机器人)的网络接口按数据字典内容准确修改索引号对应的属性信息。

3. 测试流程

首先,进行网络连通性测试;在确认连通之后,数控机床(工业机器人)按 GB/T 39561.4—2020《数控装备互联互通及互操作　第 4 部分:数控机床对象字典》、GB/T 39561.5—2020《数控装备互联互通及互操作　第 5 部分:工业机器人对象字典》规定的内容,按照索引顺序,对数控机床(工业机器人)数据字典的存在性、访问权限以及数据字典内容和结构的一致性进行测试,测试结果分别按照属性对象集和组件对象集类别进行统计,并形成测试文档。例如,数控机床互联互通及互操作的测试流程见图 2-5。

4. 测试结果评价

数控装备(工业机器人)应支持 IP 协议。按通信行业标准 YD-T 1381—2005《IP 网络技术要求——网络性能测量方法》的规定,进行网络连通性测试评价。数控机床(工业机器人)数据字典一致性测试结果评价可分为以下几部分:必选项测试评价为通过和不通过;可选项根据测试通过率进行评价,数控装备(工业机器人)符合 GB/T 39561.4—2020(GB/T 39561.5—2020)规定的可选项的数据字典格式的百分比为测试得分;自定义项的数量为附加得分。

测试完成后应输出测试文档(参见 GB/T 39561.6—2020 附录 A)。

2.4.2　控制系统性能评估与测试

国家标准 GB/T 39360—2020《工业机器人控制系统性能评估与测试》规定了工

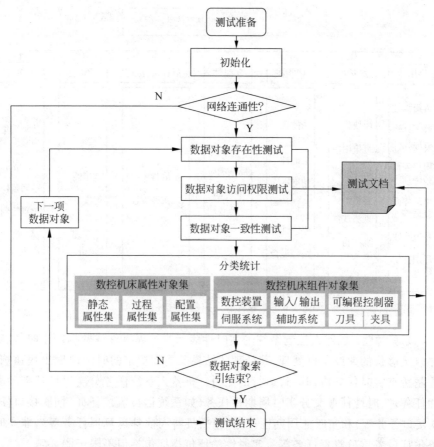

图 2-5 数控机床互联互通及互操作的测试流程

业机器人控制系统性能模型、性能指标、测试评价方法等。本标准适用于工业机器人控制系统,可供工业机器人控制系统设计开发人员、测试人员以及评价人员等使用。

1. 工业机器人控制系统性能模型

工业机器人控制系统性能模型是进行性能评估与测试的依据。控制系统性能模型由 7 个特性组成:易用性、维护性、功能性、实时性、扩展性及开放性、可靠性、安全性。每个特性可进一步分解为多个子特性,如易用性包含可辨识性、易学性、易操作性、用户差错防御性、用户界面舒适性、易访问性、易用性的依从性 7 个子特性,如图 2-6 所示。

2. 特性说明

(1) 易用性:易用性的说明参见 GB/T 25000.10—2016 中 4.3.2.4。

(2) 维护性:维护性的说明参见 GB/T 25000.10—2016 中 4.3.2.7。

(3) 功能性:在指定条件下使用时,控制系统提供满足明确和隐含要求功能的程度,包括功能完备性、准确性、精度补偿、节拍、平顺性、路径混合。

图 2-6 工业机器人控制系统性能模型

（4）实时性：机器人控制系统的实时性表示当外界事件或数据产生时，能够接受并以足够快的速度予以处理，其处理的结果又能在规定的时间内做出快速响应，并控制所有实时任务协调一致运行的能力。机器人系统任务分实时性任务和非实时性任务，实时性任务又分实时周期性任务（如系统运行监控任务、伺服接口任务、I/O 接口任务等）和实时非周期性任务（包括机器人插补运算器任务等），非实时性任务包括设备接口管理任务等。实时性的评价指标包括但不限于图 2-7。

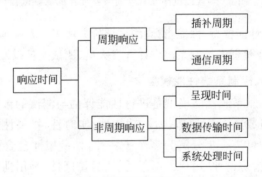

图 2-7 实时性的评价指标

（5）扩展性及开放性：机器人控制系统的扩展性为扩展新功能的容易程度，系统具有功能扩展能力。机器人控制系统的开放性为具有二次开发接口，在接口函数内完成机器人路径规划、速度规划、坐标系转换、运动学正逆解模块等。

（6）可靠性：机器人控制系统可以对输入信息进行检查，具有使其不超出限定范围的功能，具备对误操作或异常输入的识别、定位、记录与防范的能力，确保工业机器人系统在存在单一硬件或软件故障的情况下仍能正常或降级工作。包括对外部输入指令、输入参数进行有效性检查,对外部输入I/O信号进行滤波处理和抗干扰功能。

(7) 可恢复性:机器人控制系统可恢复性为在发生中断或失效的情况时,能够恢复直接受影响的数据并重建期望的系统状态的功能。工业机器人控制系统软件应具有在掉电重启后恢复对机器人本体的控制能力,根据使用场景保持在掉电时刻位置并发出报警或恢复至安全工况。

(8) 安全性

故障采集与防护:机器人控制系统在采集到控制过程中的故障或在异常情况下,能做出故障处理响应,同时能够对故障信息进行记录和报告。

限位保护:机器人控制系统应具备的限位保护能力,确保机械臂或运动部件达到异常位置或超出特定运行空间时能够及时停止或做出危险规避动作。

空间监控:机器人控制系统应具备空间监控能力,所监控的空间类型有工作空间、障碍物空间、受监控空间等。

单点控制:按 GB 11291.1—2011《工业环境用机器人 安全要求 第1部分:机器人》中 5.3.5 的要求,应确保本机或其他示教盒装置控制下的机器人不能被任何别的控制源启动其运动或改变本机控制方式。

保护性停止:机器人控制系统应具备启动保护性停止电路的功能,能够在检测到危险状况(逼近安全距离或超出降速速度门限等)、通信链路故障等情况下停止机器人本体的运动。

3. 测试评价方法

工业机器人控制系统功能性特性的测试方法有如下几种:A. 视觉检查;B. 实际试验;C. 测量;D. 分析相关设计图纸[结构化分析或大致浏览电路图设计(包括电气、气动、水动等)和相关说明];E. 仿真测试;F. 硬件在环仿真。详见国家标准 GB/T 39360—2020。

> **拓展阅读**

GB/T 39561.4—2020《数控装备互联互通及互操作 第4部分:数控机床对象字典》

2.5 评价标准

2.5.1 智能制造能力成熟度模型

国家标准 GB/T 39116—2020 规定了智能制造能力成熟度模型的构成、成熟度等级、能力要素和成熟度要求。本标准适用于制造企业、智能制造系统解决方案供应商和第三方开展智能制造能力的差距识别、方案规划和改进提升。

1. 模型构成

智能制造能力是为实现智能制造的目标,企业对人员、技术、资源、制造等进行管理提升和综合应用的程度。本模型由成熟度等级、能力要素和成熟度要求构成,其中,能力要素由能力域构成,能力域由能力子域构成,如图2-8所示。

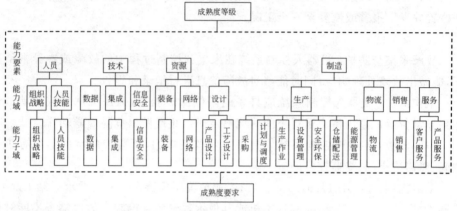

图2-8 模型构成

2. 成熟度等级

成熟度等级规定了智能制造在不同阶段应达到的水平。成熟度等级分为5个等级,自低向高分别为一级(规划级)、二级(规范级)、三级(集成级)、四级(优化级)和五级(引领级)。较高成熟度等级的要求涵盖低成熟度等级的要求。

一级(规划级):企业应开始对实施智能制造的基础和条件进行规划,能够对核心业务活动(设计、生产、物流、销售、服务)进行流程化管理。

二级(规范级):企业应采用自动化技术、信息技术手段对核心装备和核心业务活动等进行改造和规范,实现单一业务活动的数据共享。

三级(集成级):企业应对装备、系统等开展集成,实现跨业务活动间的数据共享。

四级(优化级):企业应对人员、资源、制造等进行数据挖掘,形成知识、模型等,实现对核心业务活动的精准预测和优化。

五级(引领级):企业应基于模型持续驱动业务活动的优化和创新,实现产业链协同并衍生新的制造模式和商业模式。

3. 能力要素

能力要素给出了智能制造能力提升的关键方面,包括人员、技术、资源和制造。人员包括组织战略、人员技能2个能力域。技术包括数据、集成和信息安全3个能力域。资源包括装备、网络2个能力域。制造包括设计、生产、物流、销售和服务5个能力域。

设计包括产品设计和工艺设计2个能力子域,生产包括采购、计划与调度、生产作业、设备管理、仓储配送、安全环保、能源管理 7 个能力子域,物流包括物流 1 个能力子域,销售包括销售 1 个能力子域,服务包括客户服务和产品服务 2 个能力子域。

企业可根据自身业务活动特点对能力域进行裁剪。各能力要素的成熟度要求详见 GB/T 39116—2020 的第 7 节。

2.5.2 智能制造能力成熟度评估方法

国家标准 GB/T 39117—2020 规定了智能制造能力成熟度的评估内容、评估过程和成熟度等级判定的方法。本标准适用于制造企业、智能制造系统解决方案供应商与第三方开展智能制造能力成熟度评估活动。

1. 评估内容

应基于 GB/T 39116—2020,根据评估对象业务活动确定评估域。评估域应同时包含人员、技术、资源和制造四个能力要素的内容。人员要素、技术要素和资源要素下的能力域和能力子域为必选内容,不可裁剪。制造要素下生产能力域不可裁剪,其他能力域可裁剪。本标准给出了流程型制造企业与离散型制造企业的评估域,如表 2-9、表 2-10 所示。

表 2-9 流程型制造企业评估域

要素	人员		技术			资源		制造									
能力域	组织战略	人员技能	数据	集成	信息安全	装备	网络	设计	生产						物流	销售	服务
评估域	组织战略	人员技能	数据	集成	信息安全	装备	网络	工艺设计	采购	计划与调度	生产作业	设备管理	仓储配送	安全环保	能源管理	物流	销售	客户服务

表 2-10 离散型制造企业评估域

要素	人员		技术			资源		制造											
能力域	组织战略	人员技能	数据	集成	信息安全	装备	网络	设计		生产							物流	销售	服务	
评估域	组织战略	人员技能	数据	集成	信息安全	装备	网络	产品设计	工艺设计	采购	计划与调度	生产作业	设备管理	仓储配送	安全环保	能源管理	物流	销售	客户服务	产品服务

2. 评估过程

1）评估流程

智能制造能力成熟度评估流程包括预评估、正式评估、发布现场评估结果和改进提升，如图 2-9 所示。

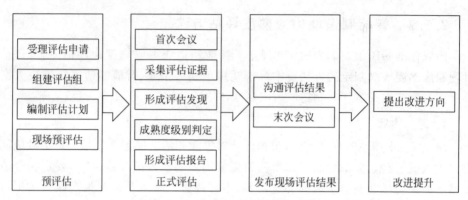

图 2-9 智能制造能力成熟度评估流程

2）预评估

(1) 受理评估申请

评估方对受评估方所提交的申请材料进行评审，确认受评估方所从事的活动符合相关法律法规规定，实施了智能制造相关活动，并根据受评估方所申请的评估范围、申请评估等级及其他影响评估活动的因素，综合确定是否受理评估申请。

受评估方应选择与自身业务活动相匹配的评估域。

(2) 组建评估组

应组建一个有经验、经过培训、具备评估能力的评估组实施现场评估活动，应确认一名评估组长及多名评估组员，评估人员数量应为奇数。

评估组员职责包括：应遵守相应的评估要求；应掌握运用评估原则、评估程序和方法；应按计划的时间进行评估；应优先关注重要问题；应通过有效的访谈、观察、文件与记录评审、数据采集等获取评估证据；应确认评估证据的充分性和适宜性，以支持评估发现和评估结论；应将评估发现形成文件，并编制适宜的评估报告；应维护信息、数据、文件和记录的保密性和安全性；应识别与评估有关的各类风险。

评估组长履行评估组员职责的同时，还应履行以下职责：负责编制评估计划；负责整个评估活动的实施；实施正式评估前对评估组员进行评估方法的培训；对评估组员进行客观评价；对评估结果做最后决定；向受评估方报告评估发现，包括强项、弱项和改进项；评估活动结束时发布现场评估结论。

(3) 编制评估计划

智能制造能力成熟度评估分为现场预评估和正式评估两个阶段，评估前应编制预评估计划和正式评估计划，并与受评估方确认。评估计划至少包括评估目的、评估范围、评估任务、评估时间、评估人员、评估日程安排等。

（4）现场预评估

评估组应围绕受评估方的需求，进行以下内容：了解受评估方智能制造基本情况；了解受评估方可提供的直接或间接证据；确定受评估方的评估域及权重；确定正式评估实施的可行性。

3）正式评估

（1）首次会议

首次会议的目的：确认相关方对评估计划的安排达成一致；介绍评估人员；确保策划的评估活动可执行。

会议内容至少应说明评估目的，介绍评估方法，确定评估日程以及明确其他需要提前沟通的事项。

（2）采集评估证据

在实施评估的过程中，应通过适当的方法收集并验证与评估目标、评估范围、评估准则有关的证据，包括与智能制造相关的职能、活动和过程有关的信息。采集的证据应予以记录，采集方式可包括访谈、观察、现场巡视、文件与记录评审、信息系统演示、数据采集等。

（3）形成评估发现

应对照评估准则，将采集的证据与其满足程度进行对比从而形成评估发现。具体的评估发现应包括具有证据支持的符合事项和良好实践、改进方向以及弱项。评估组应对评估发现达成一致意见，必要时进行组内评审。

（4）成熟度级别判定

依据每一项打分结果，结合各能力域权重值，计算企业得分，并最终判定成熟度等级。

（5）形成评估报告

评估组应形成评估报告，评估报告至少应包括评估活动总结、评估结论、评估强项、评估弱项及改进方向。

4）发布现场评估结果

（1）沟通评估结果

在完成现场评估活动后，评估组应将评估结果与受评估方代表进行通报，给予受评估方再次论证的机会，并由评估组确定最终结果。

（2）末次会议

末次会议的目的：总结评估过程；发布评估发现和评估结论。末次会议内容至少应包括评估总结、评估结果、评估强项、评估弱项、改进方向以及后续相关活动介绍等。

5）改进提升

受评估方应基于现场评估结果，提出智能制造改进方向，并制定相应措施，开展智能制造能力提升活动。

3. 成熟度等级判定

1) 评分方法

评估组应将采集的证据与成熟度要求进行对照,按照满足程度对评估域的每一条要求进行打分。成熟度要求满足程度与得分对应表如表 2-11 所示。

表 2-11 成熟度要求满足程度与得分对应表

成熟度要求满足程度	得分	成熟度要求满足程度	得分
全部满足	1	部分满足	0.5
大部分满足	0.8	不满足	0

2) 评估域权重

根据制造企业的业务特点,给出了流程型制造企业主要评估域及推荐权重,如表 2-12 所示,离散型制造企业的主要评估域及推荐权重如表 2-13 所示。

表 2-12 流程型制造企业主要评估域及推荐权重

能力要素	能力要素权重/%	能力域	能力域权重/%	能力子域	能力子域权重/%
人员	6	组织战略	50	组织战略	100
		人员技能	50	人员技能	100
技术	11	数据应用	46	数据应用	100
		集成	27	集成	100
		信息安全	27	信息安全	100
资源	15	装备	67	装备	100
		网络	33	网络	100
制造	68	设计	4	工艺设计	100
		生产	63	采购	12
				计划与调度	14
				生产作业	23
				设备管理	15
				安全环保	12
				仓储配送	12
				能源管理	12
		物流	15	物流	100
		销售	15	销售	100
		服务	3	客户服务	100

表 2-13 离散型制造企业主要评估域及推荐权重

能力要素	能力要素权重/%	能力域	能力域权重/%	能力子域	能力子域权重/%
人员	6	组织战略	50	组织战略	100
		人员技能	50	人员技能	100

续表

能力要素	能力要素权重/%	能力域	能力域权重/%	能力子域	能力子域权重/%
技术	11	数据应用	46	数据应用	100
		集成	27	集成	100
		信息安全	27	信息安全	100
资源	6	装备	67	装备	100
		网络	33	网络	100
制造	77	设计	13	产品设计	50
				工艺设计	50
		生产	63	采购	14
				计划与调度	16
				生产作业	16
				设备管理	14
				安全环保	13
				仓储配送	13
				能源管理	13
		物流	15	物流	100
		销售	15	销售	100
		服务	3	产品服务	50
				客户服务	50

3) 计算方法

能力子域得分为该子域每条要求得分的算术平均值,按式(2-9)计算,其中,D为能力子域得分,X为能力子域要求得分,n为能力子域的要求个数。

$$D = \frac{1}{n}\sum_{1}^{n} X \qquad (2\text{-}9)$$

能力域的得分为该域下能力子域得分的加权求和,按式(2-10)计算,其中,C为能力域得分,D为能力子域得分,γ为能力子域权重。

$$C = \sum D\gamma \qquad (2\text{-}10)$$

能力要素的得分为该要素下能力域的加权求和,按式(2-11)计算,其中,B为能力要素得分,C为能力域得分,β为能力域权重。

$$B = \sum C\beta \qquad (2\text{-}11)$$

成熟度等级的得分为该等级下能力要素的加权求和,按式(2-12)计算,其中,A为成熟度等级得分,B为能力要素得分,α为能力要素权重。

$$A = \sum B\alpha \qquad (2\text{-}12)$$

4) 成熟度等级判定方法

当被评估对象在某一等级下的成熟度得分超过评分区间的最低分视为满足该等级要求,反之,则视为不满足。在计算总体分数时,已满足的等级的成熟度得分取值为1,不满足的等级的成熟度得分取值为该等级的实际得分。智能制造能力成熟度总分,为各等级评分结果的累计求和。评分结果与能力成熟度等级对应关系如表2-14所示。

表2-14 评分结果与能力成熟度等级的对应关系

能力成熟度等级	对应评分区间	能力成熟度等级	对应评分区间
五级(引领级)	$4.8 \leqslant S \leqslant 5$	二级(规范级)	$1.8 \leqslant S < 2.8$
四级(优化级)	$3.8 \leqslant S < 4.8$	一级(规划级)	$0.8 \leqslant S < 1.8$
三级(集成级)	$2.8 \leqslant S < 3.8$		

GB/T 38642—2020

拓展阅读

GB/T 38642—2020《工业机器人生命周期风险评价方法》

第3章 关键技术标准

关键技术标准主要包括智能装备、智能工厂、智能供应链、智能服务、智能赋能技术和工业网络六个部分。

3.1 智能装备标准

3.1.1 智能感知技术标准

1. 智能传感器总则

国家标准 GB/T 33905.1—2017《智能传感器 第1部分：总则》规定了智能传感器的体系结构。智能传感器一般由电源单元、传感器子系统、数据处理子系统、人机接口、通信接口和电输出子系统构成,其模型见图 3-1。基于智能传感器的测量原理,智能传感器的组成可能不限于或不全部包含图 3-1 所示的模块。

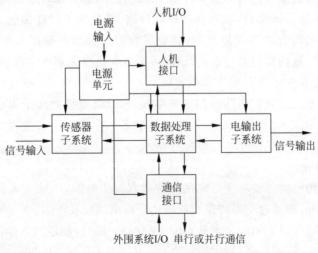

图 3-1 智能传感器的模型

1) 数据处理子系统

数据处理子系统是智能传感器的核心。它的主要功能是为人、通信接口和(或)电输出子系统的实时应用提供并处理被测量。除主要测量功能外,不同的智能传感器还可以配备许多不同的附加功能。其中,智能传感器常备的附加功能有:组态、调整和整定、自测试、诊断、环境条件监测、外部过程控制功能、趋势记录和数据存储。部分功能可置于临时或连续连接到通信网络上的外部设备内(如,组态、趋势记录)。

2) 传感器子系统

传感器子系统将被测的物理量或化学量转变成电信号,经调理和数字化后供数据处理单元使用。该子系统也可装备感知二进制信号的电路(如,按外部命令改变测量范围),或装备不同类型的辅助传感器(如,用于补偿、内部诊断和环境条件监测的辅助传感器)。

传感器和传感器子系统可与其他模块整合在一个外壳内。传感器也可位于远端(如,密度计、热电偶变送器)。依据所用的测量原理,传感器可能不需要辅助(外部)电源(如,热电偶),也可能需要辅助电源(如,应变仪),还可能需要特殊特性的电源(如,电磁流量计和科氏流量计)。

3) 接口

人机接口是智能传感器的可选单元,是用于直接与操作者交互和通信的重要工具。它由读出数据(本地显示)、输入数据和发出请求(本地按钮)的集成功能模块组成。智能传感器不配备人机接口时,可通过通信接口、外部系统或手持终端访问内部数据。

4) 通信接口

通信接口是连接智能传感器和外部系统的桥梁,是实现智能功能的必要条件。通过接口(数字通信链路)传递测量和控制数据,也提供了智能传感器组态数据的存取。还有一些混合式智能传感器,其数字数据是叠加在模拟数据信号线上的。有些智能传感器通信接口是可选的,这时可通过人机界面实现组态和数据读取。

5) 电输出子系统

电输出子系统是智能传感器的可选单元,可以将数据处理子系统提供的数字信息转换成一个或多个模拟电信号,也可以装备一个或多个二进制的(数字)电输出设备。

6) 电源单元

一些智能传感器需要一个分离的交流或直流主电源,当前主流的智能传感器是"回路供电"的,即通过信号传输线或电信号输出线接收电力。

智能传感器接口方面的要求见 GB/T 34068—2017《物联网总体技术 智能传感器接口规范》。智能传感器的特性与分类方法见 GB/T 34069—2017《物联网总体技术 智能传感器特性与分类》。智能传感器在研制过程中的可靠性设计及对可靠性设计进行评审的方法见 GB/T 34071—2017《物联网总体技术 智能传感器可靠性设计方法与评审》。试验和样品的一般条件详见国家标准 GB/T 33905.1—2017。

2. 智能制造射频识别系统通用技术要求

国家标准 GB/T 38668—2020《智能制造 射频识别系统 通用技术要求》规定了面向智能制造的射频识别系统的组成以及 RFID 标签、读写器和中间件通用技术要求等。本标准适用于面向智能制造的射频识别系统的设计、开发和使用。

面向智能制造的射频识别系统主要由 RFID 标签和数据采集单元组成,数据采集单元包括 RFID 读写器和中间件,如图 3-2 所示。其中:①RFID 标签用于标识智能制造涉及的相关生产要素,如人员、在制品、原材料、成品、盛具、辅具、设备和空间位置等;②数据采集单元包括 RFID 读写器和中间件,读写器用于采集标签的数据,中间件用于驱动读写器进行数据采集、提取、过滤、协议转换,随后将相关数据上传到外部应用系统;③外部应用系统包括与智能制造相关的各类业务系统,如人员管理系统、生产管理系统、资产管理系统、仓储管理系统等,接收 RFID 系统等数据采集系统上传的数据,并进行数据存储管理和数据访问服务;④外部控制系统包括 PLC 和 SCADA 等,通过数据采集单元传递的数据控制其他外部设备。

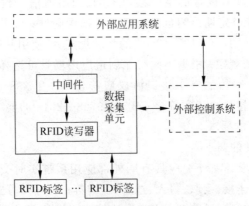

图 3-2 面向智能制造的射频识别系统组成框图

1) 系统总体要求

面向智能制造的 RFID 系统总体要求如下:应具有生产数据的自动和实时采集能力;应具有生产现场物料配送信息的及时和准确采集能力;应关联并唯一识别智能制造涉及的主要生产要素;应具有生产过程质量监控和跟踪能力;应具有实时处理数据的功能;应具有数据存储、分析、管理功能;安装位置应考虑数据采集的准确性、稳定性以及维护的方便性;应支持多读写器协同工作;应具有安全机制。

2) RFID 标签的要求

RFID 标签的要求如下:应标识主要生产要素,包括但不限于人员、在制品、原材料、成品、盛具、辅具、设备和空间位置等；可存储多项信息,应存储所标识对象的唯一标识符,并与外部应用系统中的相关数据进行关联；用户区应具有数据存储、数据写入、数据读取的功能,存储数据的格式应符合 GB/T 38670—2020 的要求；根据应用场景的需求,可实现与传感器的集成；应对应用场景内的金属环境和电磁干扰等有较强的抗干扰性；安装方式应牢固,安装位置不能影响生产制造活动；根据不同智能制造应用场景可选择使用 HF 标签或 UHF 标签,HF 标签的空中接口协议应符合 GB/T 33848.3—2017 的要求,电特性应符合 GB/T 29266—2012 的要求；UHF 标签的空中接口协议宜符合 GB/T 29768—2013 的要求,其他性能应符合 GB/T 36365—2018 的要求。

3) RFID 读写器的要求

RFID 读写器的要求如下：应具有正常清点、读取和(或)改写标签数据等功能；存储器的存储能力和数据保存时间应在产品说明中标明；应具有离线工作能力；应具有工业现场总线接入功能；应具备根据设定的过滤条件对所读取的标签数据进行过滤、筛选冗余信息的功能；应具有与中间件通信的功能,具备向中间件上传识读信息、统计信息、故障信息的功能；应具有接收中间件配置管理信息的功能；应具有信息查询、参数配置、设备指令、读写命令以及状态报告等接口功能；在参数配置中,能够对读写设备的空中接口参数、网络通信参数等信息进行配置管理；在故障告警中能够定期检测自身故障并上报中间件；可采用串行通信接口与 PLC 连接,并应符合 GB/T 6107—2000 的相关规定,如使用其他通信接口时,该接口应符合相关标准的规定；根据不同智能制造应用场景可选择使用 HF 读写器或 UHF 读写器,HF 读写器的空中接口协议应符合 GB/T 33848.3—2017 的要求；UHF 读写器的空中接口协议宜符合 GB/T 29768—2013 的要求,其他性能应符合 GB/T 34996—2017 的要求。

4) RFID 中间件的要求

RFID 中间件的要求如下：应具有同外部应用系统实时交互的功能；应能实现基本操作请求,如连接、读取、写入、过滤、查询等；应对读写器空中接口参数、网络通信参数等信息进行配置管理；应具有连接多个读写器的功能；与读写器的接口应符合 GB/T 32830.3—2016 的要求；与外部应用系统的接口应符合 GB/T 34047—2017 的要求。

3.1.2 人机交互系统标准

国家标准 GB/Z 38623—2020 给出了智能制造人机交互系统(以下简称"人机交互系统")语义库的功能结构、通用元数据、词库、对象库和知识库的通用要求。本指导性技术文件适用于智能制造企业的人机交互系统语义库的建设和管理。

1. 人机交互系统功能结构概述

人机交互系统功能结构如图 3-3 所示,包括采集处理模块、交互决策模块和应

用处理模块,具体如下:

(1) 采集处理模块提供信息采集和处理功能。此模块从交互输入中采集所需信息并对不同模态的输入信息进行处理。

(2) 交互决策模块提供决策功能。此模块根据采集处理模块的结果做出交互决策,并判断是否需要调用应用处理模块。如需要调用,则根据采集处理模块的结果向相关应用模块下达指令并获取反馈信息。

(3) 应用处理模块提供数据调用和实际操作功能。数据调用功能由数据接口模块和各类数据应用提供。数据接口模块负责把交互决策模块获得的用户意图转换成查询、统计相关数据的指令,各类数据应用负责给出相应数据和响应信息。实际操作功能由操作指令转换模块和制造设备应用模块提供。操作指令转换模块负责把交互决策模块获得的用户意图转换成制造设备支持的操作命令,制造设备应用负责实际控制制造设备并给出响应信息。

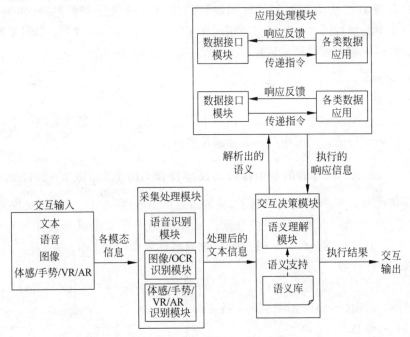

图 3-3 人机交互系统功能结构

2. 人机交互系统语义库

人机交互系统语义库由智能制造领域通用元数据、词库、对象库、知识库四部分组成。

智能制造领域通用元数据是构成人机交互系统中词库、对象库、知识库的基本信息单元。一个完整的智能制造领域通用元数据集可以使智能制造企业快速构建人机交互系统。智能制造领域通用元数据主要有计划类元数据、采购类元数据、生产类元数据、物流类元数据和服务类元数据。

词库是词的集合，包含一个或多个词类，每个词类又由下一级的词类组成。词库的内容主要取决于知识库要表达的语义信息。构建词库的目的主要是分词、构造语义表达式以及使用词本身携带的语义信息进行语义相似度计算。

对象库包括对象类及对象类属性，其中对象类属性又由属性名、标准模板和一组属性语义表达式构成。对象库的内容主要取决于领域业务知识库。构建对象库的目的主要是实例化对象类，从而快速创建制造领域的知识点。

知识库由知识类、实例、知识点组成，知识库的内容主要取决于智能制造人机交互系统想要展现给终端用户的信息。构建知识库的目的主要是根据智能制造业务需求来组织和管理知识点。

知识库需要使用对象库、词库和元数据进行具体语义的表达和扩展，具体表现为：①知识库中的实例可由对象库中的对象类实例化产生；②知识库的知识点语义表达式需使用词库中的词和(或)元数据。

对象库需要使用词库和元数据进行抽象语义的表达和扩展，具体表现为：①对象库中的属性语义表达式可使用词库中的词类和(或)元数据；②词库可以使用元数据的内容扩充其词义信息。

3. 词库

1）结构

词库由一个或多个词类组成。词类由词类名以及具有该词类名的一个或多个同义或同类词构成。词库中的词类和词是多对多的关系。

2）命名

（1）词类名

命名规则如下：(a)应简单明了，见名知意；(b)控制在1~4个语义库所用语言(中文、英文)的词；(c)不应带有除语义库所用语言文字以外的任何符号，如"/、?"等；(d)具有唯一性。示例：购买、物料名称集合、Product。

（2）词性符号

各类词性及其代表符号如下：集合词(♯)；重要词($*n$)，其中n值越大重要程度越高；名词(%n)；动词(%v)；拼音纠错词(@)。

（3）一般要求

一般要求如下：词库应有清晰、明确的组织方式；词库的组织方式为树状结构；将词的上下位和组成关系作为词库的分类方法。

（4）通用词库包含但不限于图3-4的内容。

4. 对象库

1）结构

对象库由对象类及对象类属性组成。对象类中的子类会继承父类的所有对象类属性。对象类和对象类属性是1对1或者1对多的关系。对象类属性由属性名、标准问模板和一组属性语义表达式构成。标准问模板是由对象符和一些词组

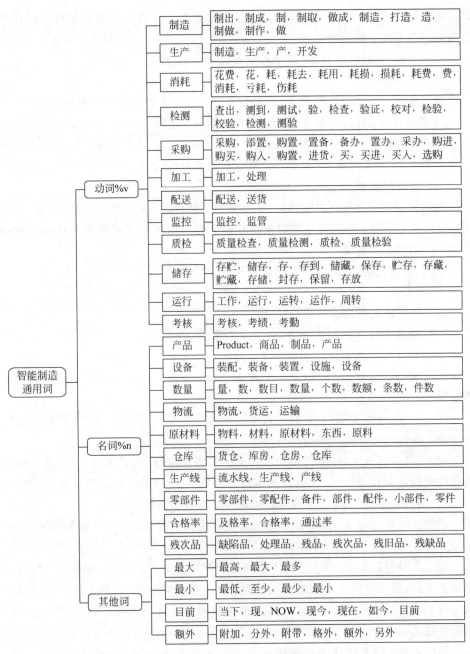

图 3-4 智能制造行业通用词库

成的问句。

2）命名

（1）对象类名

命名规则如下：应简单明了,见名知其要表达的对象为何物；控制在 2～5 个语义库所用语言（中文、英文）的词；不应带有除语义库所用语言文字以外的任何符号，如"/、?"等；具有唯一性。

示例：如"智能制造设备"这个对象可以命名为"设备对象类"。

（2）属性名

命名规则如下：应简单明了，见名知其要表达所属对象类的大概特征；控制在2~5个语义库所用语言（中文、英文）的词；不应带有除语义库所用语言文字以外的任何符号，如"/、?"等；具有唯一性。

示例：如"设备对象类"的表示设备运行速度的属性可以命名为"运行速度"。

（3）标准问模板

命名规则如下：具有可阅读性，见名知意；控制在2~15个语义库所用语言的词；应包含对象符；不应带有除对象符和语义库所用语言文字以外的任何其他符号，如"/、?"等；具有唯一性。

示例："运行速度"的标准问模板可命名为"×××设备的运行速度是多少"。

3）语法

（1）属性语义表达式的语法要求

属性语义表达式一般是短语，由一个对象符、一种或多种语法符号、一个或多个词类或多个元数据组成。规则如下：应包含对象符；应包含词类符号；应包含一个词类和（或）元数据；可包含一个或多个除词类符号以外的其他语义表达式的语法符号。

示例："运行速度"的语义表达式可表达为"[×××][运行][速度][多少?]"。

（2）属性语义表达式的语法符号

对象符（×××）：对象符是表示对象类的特定符号。如"运行速度"这个对象类属性的标准问模板"×××设备的运行速度是多少"中的×××是对象符。

词类符号（[ ]）：左、右方括号之间是所要指出的词类。

示例：词类名为A、B和C，则属性语义表达式中的A、B、C表示为"[×××][A][B][C]"，如"[×××][运行][速度][多少]"。

或关系符号（|）：在两个包含多个词类的不同语义表达式中，如果它们只有一个词类不同，则将这两个不同的词类放置于同一对词类符号中，两个不同的词类之间用或关系符号隔开，与表达式中其余相同的词类形成一个取代两个原表达式的新的表达式。

示例：对于两个属性语义表达式"[×××][A][B][C2]"和"[×××][A][B][C3]"，使用或关系符号合并后形成一个新的属性语义表达式"[×××][A][B][C2|C3]"。

非必要符号（?）：如果某个词类存在与否不影响该表达式的语义，则在指出该词类的词类符号中的右括号之前使用非必要符号予以表示。

示例：属性语义表达式"[×××][A][B][C?]"。

词重复符号(+n)：某个词类在语义表达式中要出现多次才能表达需要的语义，其中+表示重复，n 表示重复出现的次数。

示例：属性语义表达式"[×××][A+2][B][C]"。

重要性符号(*n)：如果某个词类在语义表达式中尤其重要，则应适当地使用重要性符号，其中 * 表示重要性，n 表示重要程度，n 越大表示越重要。

示例：属性语义表达式"[×××][A*2][B][C]"。

4）一般要求

对象库应准确反映知识库中的对象类实例以及属性知识点及其相互关系。

5）通用对象库内容

通用对象库的内容包括设备对象类、物料对象类、生产线对象类、生产车间对象类、仓库对象类、人员对象类等，详见 GB/Z 38623—2020 9.5 节。

示例，图 3-5 为生产车间对象类，其中，圆角方框中内容为对象类，直角方框中内容为对象类属性。

图 3-5　生产车间对象类

5. 知识库

1）结构

知识库由知识类、实例、知识点组成。知识类和实例是 1 对 1 或者 1 对多的关系。当实例为对象类实例时，该实例下所有的知识点都是属性知识点。实例语义在实例化对象的过程中替换属性语义表达式中的对象符，进而生成知识点的语义表达式。维度是独立于知识点的内容。语义库系统实现时，当知识点不选择任何参数时，则表示所有的参数共享同一个答案，也可以是指令答案。知识库的结构见图 3-6，说明如下：

图中上方的[1]和[1..*]是指一个知识类可以包含一个或多个知识类；图中中间第一个的[1]和[1..*]是指一个知识类可以包含一个或多个实例；图中左方的[1]和[1..*]是指一个对象类实例可以包含一个或多个属性知识点；图中中间第二个的[1]和[1..*]是指一个实例可以包含一个或多个知识点；图中中间第三个的[1]和[1..*]是指一个知识点可以选择一个或多个维度；图中[1]和[1]是指一个知识点可以包含一个属性知识点或者是一个自定义知识点；图中三角箭头表示对象类之间有继承关系；图中虚线方框表示实例可以是由一部分属性知识点和一部分自定义知识点组成的；图中带箭头的虚线表示知识点选择不同的参数组合产生不同的答案。

2）标准问命名

命名规则如下：具有可阅读性，能描述具体语义，控制在 4～20 个词；不应带有任何符号，如"/""?"等；具有唯一性。

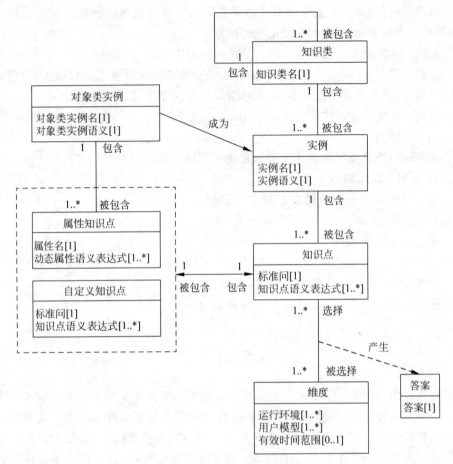

图 3-6 知识库的结构

3) 语法

知识点语义表达式的语法要求：语义表达式一般是短语，由一种或多种语法符号、一个或多个词类或多个元数据组成。

规则如下：知识点的一组表达式要表达相同且明确的语义；应包含一个词类和(或)元数据；应包含词类符号；可包含一个或多个除词类符号以外的其他语义表达式的语法符号。

示例："产品A的生产日期"这个知识点可表达为"[产品A][生产][日期|何时]"。

4) 一般要求

知识结构宜使用树状层次化结构，知识宜按制造业的生命周期分类。

5) 通用知识库内容

以下为通用的人机交互的标准问题，答案根据智能制造企业的需要自行定义。

(1) 设备控制类

包括但不限于以下内容：流水线制作类，如，帮我加工10个翡翠观音；单个设备控制类,如,给第一个设备补 10 kg 水。

(2) 简单问答类

包括但不限于以下内容:设备操作使用类,如,设备 A 的型号参数;设备故障处理类,如,设备 A 突然卡住了,原因有可能是什么?

(3) 数据查询调取类

包括但不限于以下内容:数据查询类,如,仓库库 1 还剩下多少配件 A?数据调取类,如,调一下前天晚上 10 点到第二天凌晨的车间 2 的监控视频。

(4) 数据统计分析类

包括但不限于以下内容:数据统计类,如,今天一共生产了多少型号 1 产品?数据分析类,如,本季度次品率是多少,和上季度比如何?

3.1.3 装备互联互通标准

国家标准 GB/T 39561.1—2020 规定了数控装备之间、数控装备与生产线集成系统以及上层管理系统之间互联互通及互操作的技术要求。

1. 互联互通及互操作系统的架构

在离散制造系统中,互联互通的主体包括数控装备、将数控装备集成为生产线的集成控制系统、对数控装备进行数据采集和监控的 MDC、SCADA 等软件系统、对数控机床进行数控程序管理的 DNC 系统以及车间层的制造过程管理软件系统 MES 等各种业务管理软件系统。数控装备与其他软硬件系统构成的互联互通及互操作系统在智能制造系统中的位置见图 3-7。

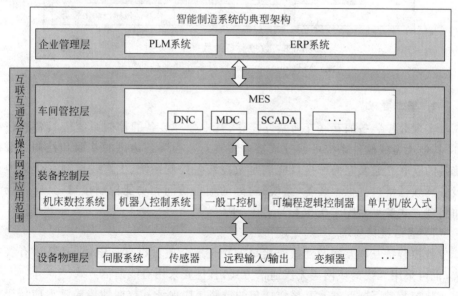

图 3-7 互联互通及互操作网络在智能制造系统中的位置

数控装备的互联互通采用客户端/服务器结构,其中被访问的数控装备作为服务器,访问的数控装备或 DNC、MDC 和 SCADA 等作为客户端,按照互联互通规定的数据字典及其对应的访问方式获得数控装备的信息,通常至少支持查询和发布/订阅等模式。MES 等车间层管理软件可以直接与数控装备通信实现数据采集,也可通过 MDC、SCADA 等软件系统实现与数控装备的互联互通。

数控装备互联互通及互操作的数据的映射包括数控设备的模型描述及建模规则、模型映射的方法以及访问接口等内容,可满足信息采集、数控装备的时序控制、过程控制、启停控制、程序传输、诊断报警信息等应用,见图 3-8。

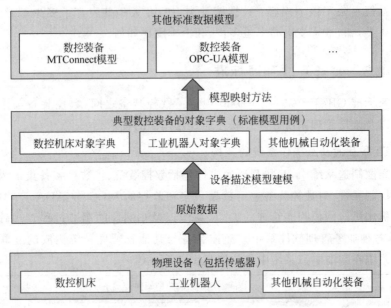

图 3-8 数控装备的数据模型映射
注:MTConnect 为数控设备互联通信协议。

2. 基本要求

实现数控装备的互联互通及互操作,其中数控装备的控制系统应具备网络接口,其他装备或软件系统可通过该接口实现对数控装备信息的获取和控制。数控装备的互联互通及互操作接口应满足数控装备控制系统、生产线控制系统等通过服务器软件接口提供本装备(系统)对外的信息访问和功能控制接口,其应用场景和实现方式参见 GB/T 39561.1—2020 附录 A。

1) 通信接口要求

数控装备互联互通及互操作接口的物理层介质可以支持电缆、光纤等有线方式,也可采用无线局域网等无线通信方式,宜优先采用有线通信方式。

数控装备互联互通及互操作接口的链路层应保证其数据帧传输延迟应低于收发双方对延迟的最长允许时间要求,并具有适当的冗余。要实现数控装备互联互通及互操作,通信系统宜采用具有通信实时性保障能力的数据链路层通信协议,如采用 IEC 61784-2:2019 等的实时以太网协议。

数控装备应具备独立的 IP 地址,其互联互通及互操作接口网络层和传输层应支持 TCP/IP 协议,可通过局域/广域网络进行远程访问。

2) 数据格式要求

互联互通及互操作的数控装备数据应遵循确定的建模方法,并提供信息的语义,可实现软件的自动识别和集成,推荐采用元数据描述文件的方式提供信息的语义。

3) 系统性能要求

互联互通及互操作的数控装备在通信交互时,通信所产生的负荷不应导致控制系统自身显著变慢,出现停滞、失步等运行故障,影响正常功能的使用。

4) 信息安全要求

数控装备互联互通及互操作的信息安全应遵循 GB/T 36324—2018 的要求,根据应用场景和企业实际需求,设定所需的安全等级。

拓展阅读

GB/T 38670—2020《智能制造　射频识别系统　标签数据格式》

GB/T 36464.1—2020《信息技术　智能语音交互系统　第 1 部分:通用规范》

GB/T 38670—2020

GB/T 36464.1—2020

3.2　智能工厂标准

3.2.1　基于云制造的智能工厂架构

国家标准 GB/T 39474—2020 规定了基于云制造的智能工厂架构、组成、功能、安全防护要求,以及在智能工厂设计过程中的一般要求。

1. 总体架构

基于云制造的智能工厂是利用云制造服务平台,以制造资源层、现场控制层、车间执行层、企业管理层、平台应用层、企业协同的业务需求和集成协作为牵引,综合基于云制造服务平台的应用模式,同时考虑智能工厂整体安全,构建基于云制造的智能工厂(以下简称"智能工厂"),总体架构如图 3-9 所示(基于云制造的智能工厂示例参见 GB/T 39474—2020 附录 A)。

2. 制造资源层要求

1) 硬制造资源

硬制造资源主要指产品全生命周期过程中制造设备、计算设备、物料等资源。硬制造资源应包括但不限于 IT 基础资源、制造设备、数字化生产线等。硬制造资源内容应符合 GB/T 39471—2020 中 6.1 节的要求。

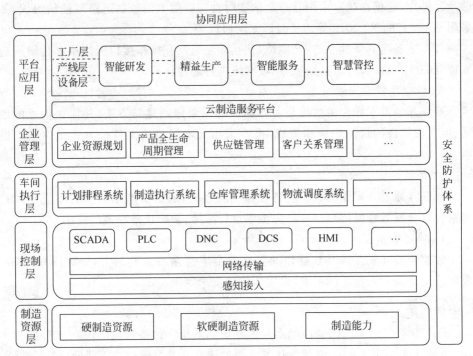

图 3-9 基于云制造的智能工厂架构

2) 软制造资源

软制造资源主要指以软件、数据、模型、知识为主的制造资源。软制造资源应包括但不限于企业信息系统、工具软件、知识模型库等。软制造资源内容应符合 GB/T 39471—2020 中 7.1 节的要求。

3) 制造能力

制造能力主要是指完成产品全生命周期活动中各项活动的能力,是人及组织、经营管理、技术三要素的有机结合。制造能力应包括但不限于人/组织以及相应的业务逻辑、研发能力、供应能力、生产能力、营销能力、服务能力等资源。制造能力内容应符合 GB/T 39471—2020 中 8.1 节的要求。

3. 现场控制层要求

1) 感知接入

通过 RFID 传感器、适配器、声光电等传感器/设备、条码/二维码、温湿度传感器等智能感知单元和智能网关等接入设备,实现工业服务、工业设备、工业产品的感知和接入。应提供但不限于如下功能:应能够对多类型异构传感器进行管理,实现资源的主动感知;应能够通过工业物联网网关、WebService、API 接口等方式,实现制造资源的接入。具体接入方式应符合 GB/T 39471—2020 中 6.2 节的要求;应能够实现感知信息和接入数据的融合和边缘计算。

2）网络传输

网络传输应能够实现设备资源层、现场控制层、车间执行层、平台应用层的互联互通，实现人员、设备、物料、环境等制造资源的互联互通。网络传输应提供但不限于如下功能：应包括光纤宽带、协议管理、虚拟路由、流量监控、负载均衡、业务编排等功能；应提供但不限于专用网络、物联网、传感网络、以太网、智能网关等工业现场通信网络集成功能；应能够提供标准的协议转换模块，支持但不限于 OPC-UA、MODBUS、PROFINET、PROFIBUS 等工业通信协议和 MQTT、TCP/IP 等通信传输协议；应能够实现工厂全覆盖，管理流程和控制业务全面互联，实现无缝信息传输；应能够保证通信数据的实时性、准确性和稳定性。

3）工业控制

工业控制层应包括但不限于 SCADA、PLC、DNC、DCS、HMI 等软件和接口，实现对工业现场的数据采集、编程控制、人机交互等。应提供但不限于如下功能：应能够对生产过程中的设备、物料、产品等进行监测、分析及优化控制；应能够实现软硬件集成，对设备资源层的制造资源进行集中控制，并对运行状态进行监控和分析；应能够接收设备资源车间执行层的数据和生产指令，并反馈处理结果。

4. 车间执行层要求

车间执行层应包括但不限于计划排程系统、制造执行系统、仓库管理系统、物流调度系统等执行控制系统。应提供但不限于如下功能：应能够通过计算机、智能仪器等，实现对制造资源的工况状态等信息的实时监测；应能够通过自动化执行器、数字机床、智能机器人等实现对生产现场的精准控制；应能够对生产现场的实时数据进行统计、分析、优化决策等；应能够对实时事件进行反应，并做出及时处理。

5. 企业管理层要求

企业管理层应包含但不限于企业资源规划、产品全生命周期管理、供应链管理、客户关系管理等信息管理系统。应提供但不限于如下功能：应能够与仓储管理系统、产品数据管理系统、设备管理系统等信息系统实现实时数据同步；应能够对生产资源的属性、状态、关系、能力等数据进行存储、处理、分析、应用；应能够按照一定的关系和流程对制造资源进行组织和综合规划，并对执行情况进行动态跟踪；应能够根据扰动因素对原有生产计划和执行过程进行自动调整和优化；应能够实现产品全生命周期管理，贯穿产品设计、制造运行、售后服务过程。

6. 平台应用层要求

1）云制造服务平台

云制造服务平台应能够支持各类工业设备/产品和工业服务的接入，支撑各类工业应用 APP 的开发、部署与运行。应提供但不限于如下功能：

数据接入与管理：应能够实现制造资源的虚拟化封装、存储、管理和应用等功能；应能够实现多源异构数据接入与管理。

统一运行环境：应能够实现存储资源管理、计算资源管理、网络资源管理等功能；应能够提供微服务、中间件管理、弹性伸缩、容器化编排等功能；应能够提供流程模型、仿真模型、大数据分析模型、人工智能模型运行环境。

模型及算法构建：应能够提供机理模型、大数据算法、工业知识和流程模板等功能；应能够提供工业知识、案例专家库、机理模型库等功能。

应用开发工具：应能够提供流程建模、大数据建模、仿真建模、知识图谱建模等应用开发工具和基于云平台的 APP 统一开发环境；应能够提供模型类、服务类、数据类、应用管理类、标识类、事件类、运行类和安全类的开放 API 接口，支持各类工业应用快速开发与迭代。

应用服务：应能够支撑智能工厂设备、产线、企业各层级的研发、生产、服务、管控应用；应能够支持智能化生产、网络化协同、个性化定制、服务化延伸等协同应用模式。

2) 基于云制造服务平台的应用服务

(1) 智慧研发

应包含但不限于个性化智能研发和协同研发服务。个性化智能研发服务应提供但不限于数字化样机类 APPs 等应用服务集，协同研发应提供但不限于云协同研发、云仿真等应用服务集。

(2) 精益生产

应包含但不限于柔性化生产、基于 MBD 的协同制造和社会化协同制造服务。柔性化生产服务应提供但不限于设备控制与监控 APPs、物流 APPs 等应用服务集，基于 MBD 的协同制造服务应包括但不限于产线规划与仿真 APPs 等应用服务集，社会化协同制造应提供但不限于 PLM 等应用服务集。

(3) 智能服务

应包含但不限于设备智能管理与维护、智能工业运营服务、敏捷产品智能服务。设备智能管理与维护应提供但不限于数据驱动的设备运营类 APPs 等应用服务集，智能工业运营服务应提供但不限于产线集成与测试类 APPs 等应用服务集，敏捷产品智能服务应提供但不限于多专业/多学科的数字化应用类 APPs 等应用服务集。

(4) 智慧管控

应包含但不限于云端工厂管理、智慧管理服务。云端工厂管理应提供但不限于 PLM、ERP 及价值链协同经营管理等应用服务集合，智慧管理提供但不限于基于数据驱动的智慧企业类 APPs 等应用服务集。

7. 协同应用层要求

1) 智能化生产

智能化生产应能够利用先进制造、物联网、大数据及云计算等技术，实现生产过程的自动化控制、智能化管理和定制化生产。智能化生产应提供但不限于设备智能感知和互联、流程集成、数据实时分析、制造控制等环节的创新应用。

2）网络化协同

网络化协同应能够贯穿产品设计、制造、销售等环节，实现供应链内和跨供应链间的协同，进行资源共享，提高制造效率。网络化协同应提供但不限于企业间商务协同、众包设计、供应链协同等云端协同应用服务。

3）个性化定制

个性化定制应能够实现以用户为中心的个性定制与按需生产，将用户需求直接转化为生产排单，实现产销动态平衡以及生产效率和需求满足的同时提升。个性化定制应提供但不限于大规模个性化定制、模块化定制、远程定制等服务模式。

4）服务化延伸

服务化延伸应能够利用云制造服务平台和工业融合的多种技术，延伸价值链条，增加附加价值，实现企业的服务化发展。服务化延伸应提供但不限于依托物联网、互联网、大数据等技术的在线服务、实时服务、远程服务以及服务升级。

8．安全防护要求

1）制造资源安全防护要求

应通过连接认证、安全检测、特征识别、加密传输等手段来保障工厂制造资源的感知接入、安全运行和数据传输安全，根据安全等级划分不同区域并设置安全隔离及访问控制策略或者采用第三方安全软件及设备来加强制造资源的安全防护。

2）工业控制系统安全防护要求

工业控制系统安全防护要求应符合 GB/T 36323—2018 第 6 章的规定。信息系统安全防护要求应符合 GB/T 20269—2006 的规定。

3）平台和应用服务安全防护要求

平台安全防护要求：应符合 GB/T 39471—2020 的规定。

数据安全防护要求：应通过边缘计算、工业防火墙、工业网闸、加密隧道传输、大数据分析算法安全等方面的安全防护和安全审计来实现智能工厂中数据传输、存储、分析、应用等的安全。

工业应用服务安全防护要求：应通过公共组件安全、应用程序安全、访问安全、攻击预警、主动防御等方面的安全防护实现工业应用的研发安全、应用安全、隐私安全、决策安全等。

9．设计要求

1）可靠性和稳定性

智能工厂架构应具有较高的可靠性和稳定性，具有稳定和加密的传输技术和途径，关键设备、关键应用应有冗余配置，提供多种应急预案和灾难备授方案。

2）保密性和完整性

架构应具有良好的保密性，具有技术、管理上的保密措施和对策，实现工业控制和管理系统、工业应用 APP 等及其信息的保密性、完整性和可用性。

3) 可扩展性

智能工厂架构应具有良好的可扩展性，应提供与主流和专业的工业软件或其他信息系统的集成接口，便于各种制造资源、工业信息系统、工业应用 App 的接入与访问，实现智能工厂的纵向集成、横向集成、端到端集成。

4) 先进性和成熟性

智能工厂采用国际上成熟的、先进的、具有多厂商广泛支持的软硬件技术来实现，保证基础架构的可成熟性和智能工厂应用的先进性。

3.2.2 数字化车间通用技术要求

国家标准 GB/T 33745—2017 规定了数字化车间的体系结构、基本要求、车间信息交互、基础层数字化要求、工艺设计数字化要求、车间信息交互、制造运行管理数字化要求等内容。

1. 体系结构

数字化车间重点涵盖产品生产制造过程，其体系结构如图 3-10 所示，分为基础层和执行层（数字化车间应用案例可参见 GB/T 33745—2017 附录 A）。

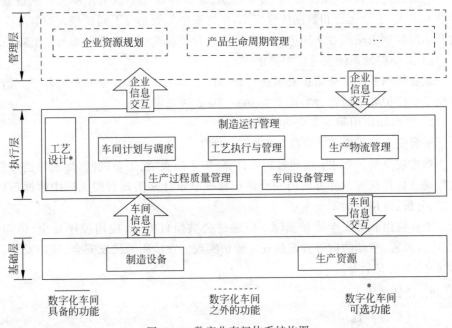

图 3-10 数字化车间体系结构图

数字化车间的基础层包括了数字化车间生产制造所必需的各种制造设备及生产资源，其中，制造设备承担执行生产、检验、物料运送等任务，大量采用数字化设备，可自动进行信息的采集或指令执行；生产资源是生产用到的物料、托盘、工装辅具、人、传感器等,本身不具备数字化通信能力,但可借助条码、RFID等技术进行标识,参与生产过程并通过其数字化标识与系统进行自动或半自动交互。

数字化车间的执行层主要包括车间计划与调度、生产物流管理、工艺执行与管理、生产过程质量管理、车间设备管理5个功能模块,对生产过程中的各类业务、活动或相关资产进行管理,实现车间制造过程的数字化、精益化及透明化。由于数字化工艺是生产执行的重要源头,对于部分中小企业没有独立的产品设计和工艺管理情况,可在数字化车间中建设工艺设计系统,为制造运行管理提供数字化工艺信息。

数字化车间各功能模块之间的主要数据流如图3-11所示。

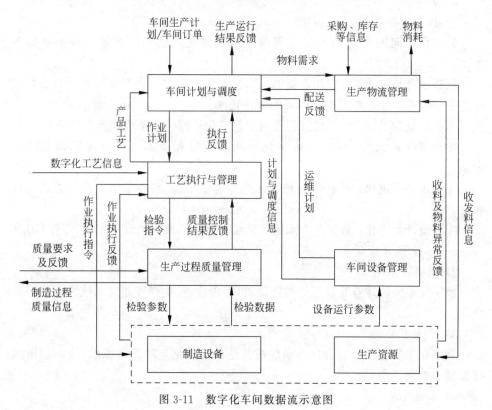

图3-11 数字化车间数据流示意图

(1) 系统从企业资源计划承接分配到车间的生产订单,在车间计划与调度模块依据工艺路线分解为工序作业计划,排产后下发到现场。

(2) 工艺执行与管理模块指导现场作业人员或者设备按照数字化工艺要求进行生产,并采集执行反馈给车间计划与调度。若生产过程出现异常情况,不能按计划完成,需敏捷协调各方资源,通过系统进行调度以满足订单需求。

(3) 工艺执行过程中若需进行检验控制,由生产过程质量管理模块将检验要求发送给检验员或检验设备来执行检验,并采集检验结果,进行质量监控和追溯。

(4）对于生产现场需要的物料，根据详细计划排产与调度结果，发送相应物料需求给生产物流管理模块，由仓库及时出库并配送到指定位置；生产完成将成品入库，实现生产物料的管理、追踪及防错。

（5）生产执行过程的工艺执行、质量控制等结果反馈到车间计划与调度模块，进行实时监控及生产调度，并形成完工报告，反馈到更高一层企业资源计划。

（6）对于数字化车间中大量的设备运维，通过车间设备管理模块统一维护，提醒和指导设备人员定期保养，记录维修保养结果。设备维保计划与工序作业计划需相互协调，以保证生产正常进行。

2. 基本要求

1）数字化要求

数字化车间的资产和制造过程信息应数字化。数字化要求主要包括如下方面：

制造设备数字化：数字化设备的比率应不低于70%。各行业可根据自身特点规定相应行业数字化车间制造设备的数字化率。

生产信息的采集：90%的数据可通过数字化车间信息系统进行自动采集。

生产资源的识别：应能对数字化车间制造过程所需生产资源的信息进行识别。

生产现场可视化：可通过车间级通信与监测系统，实现车间生产与管理的可视化。

工艺设计数字化：数字化车间的工艺设计宜采用数字化设计方法，符合GB/T 33745—2017第8章要求。

2）网络要求

数字化车间应建有互联互通的网络，可实现设备、生产资源与系统之间的信息交互。

3）系统要求

数字化车间应建有制造执行系统或其他的信息化生产管理系统，支撑制造运行管理的功能。

4）集成要求

数字化车间应实现执行层与基础层、执行层与管理层系统间的信息集成。

5）安全要求

数字化车间应开展危险分析和风险评估，提出车间安全控制和数字化管理方案，并实施数字化生产安全管控。

3. 基础层数字化要求

1）制造设备的数字化要求

（1）应具备完善的档案信息，包括编号、描述、模型及参数的数字化描述。

（2）应具备通信接口，能够与其他设备、装置以及执行层实现信息互通。

（3）应能接收执行层下达的活动定义信息，包括为了满足各项制造运行活动的参数定义和操作指令等。

（4）应能向执行层提供制造的活动反馈信息，包括产品的加工信息、设备的状态信息及故障信息等。

（5）应具备一定的可视化能力和人机交互能力，能在车间现场显示设备的实时信息及满足操作的授权和处理相关的人机交互。

数字化制造设备的典型配置与功能要求参见 GB/T 33745—2017 附录 C。

2）生产资源的数字化要求

（1）在条码及电子标签等编码技术的基础上满足生产资源的可识别性，包括生产资源的编号、参数及使用对象等的属性定义。

（2）对于上述信息应采用自动或者半自动方式进行读取，并自动上传到相应设备或者执行层，以便于生产过程的控制与信息追溯。

（3）识别信息可具备一定的可扩展性，如利用 RFID 进行设备及执行层的数据写入。

4．工艺设计数字化要求

数字化车间的工艺设计宜采用数字化设计方法，并满足以下要求：

（1）采用辅助工艺设计，如三维工艺设计。

（2）能进行工艺路线和工艺布局仿真。

（3）能进行加工过程仿真和（或）装配过程仿真。

（4）建立工艺知识库，包括工艺相关规范、成功的工艺设计案例、专家知识库等。

（5）提供电子化的工艺文件，并可下达到生产现场来指导生产。

（6）向制造执行系统输出工艺 BOM。

5．车间信息交互

1）通信网络

为执行数字化车间基础层的工作任务处理，实现控制设备与现场设备之间的通信，可采用如下通信方式：

（1）现场总线：可采用 PROFIBUS、CC-LINK、MODBUS、CAN 等协议。

（2）工业以太网通信：可采用 PROFINET、Ethernet/IP、EtherCAT、POWERLINK 等协议。

（3）无线通信：工业无线（WIA-FA、WIA-PA）、Wi-Fi、蓝牙、3G/4G/5G 等协议。

2）数据采集与存储

数字化车间应在企业数据字典定义的数据采集内容基础上，结合数据的实时性要求，利用合理的网络通信方式与数据存储方式进行数据的采集与存储，并与企业级数据中心实现对接。包括：

（1）应能对车间所需数据进行采集、存储和管理，并支持异构数据之间的格式转换，实现数据互通。

(2) 宜采用实时数据库与历史数据库相结合的存储方式。

实时数据库：采集和储存生产现场实时性较高的数据,支持执行层的各项应用,如 OEE 统计等。

历史数据库：宜采用关系数据库,采集和储存工艺设计和制造过程所需的相关主数据及过程数据。

(3) 应具备信息安全策略,并支持更新和升级,如访问与权限管理、入侵防范、数据容灾备份与恢复等。

3) 数据字典

数字化车间应建立数据字典,具体要求如下：

(1) 包括车间制造过程中需要交互的全部信息,如设备状态信息、生产过程信息、物流与仓储信息、检验与质量信息、生产计划调度信息等。

(2) 描述各类数据基本信息,如数据名称、来源、语义、结构以及数据类型等。

(3) 支持定制化,各行业可根据各自特点制定本行业的数据字典。

6. 制造运行管理数字化要求

(1) 能与数据中心进行信息的双向交换。

(2) 具有信息集成模型,通过对所有相关信息进行集成,实现自决策；信息集成模型要求详见国家标准 GB/T 33745—2017。

(3) 模块间能进行数据直接调用。

(4) 模块能与企业其他管理系统(如 ERP、PDM 等)实现信息双向交互。

3.2.3 虚拟工厂架构与模型标准

1. 虚拟工厂架构

国家标准 GB/T 40648—2021 规定了虚拟工厂参考架构中不同层级的内容,以及虚拟工厂的不同业务功能。本标准适用于指导虚拟工厂的开发应用。

虚拟工厂是将实体工厂映射过来,具备仿真、管理和控制实体工厂关键要素功能的模型化平台。随着智能制造标准化的逐步推进和数字孪生技术的发展,虚拟工厂建设被投以更多的关注。为实现虚拟工厂建设的统一,对虚拟工厂相关内容进行标准化是十分重要的。统一的虚拟工厂参考架构有助于不同虚拟工厂的开发者、系统解决方案供应商、用户建立对虚拟工厂建设过程的统一认识,及开展后续集成开发和使用。

1) 参考架构

虚拟工厂参考架构应是包括互联互通层、模型层、应用层的三层架构,并与物理层实时交互更新。物理层与模型层间可通过互联互通层实现实时信息交互,并建立动态更新机制。应用层中的不同功能可通过对不同模型多层级的模型关系组合的方式实现。国家标准 GB/T 40648—2021 聚焦工厂运维阶段产品生命周期的内容,对应用层中的虚拟工厂功能进行规定。虚拟工厂参考架构如图 3-12 所示。

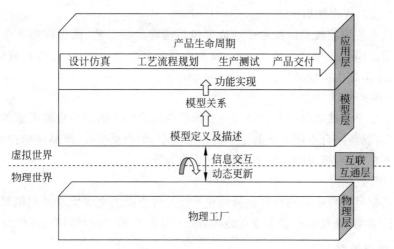

图 3-12 虚拟工厂参考架构

虚拟工厂应根据物理工厂的实际情况建设虚拟工厂信息模型。物理工厂的实际内容应为虚拟工厂参考架构的整体基础。

(1) 互联互通层

互联互通层作为物理工厂和虚拟工厂的交互渠道，应包括通信协议、交互接口等内容。应实现物理世界与虚拟世界之间的实时信息交互，形成动态更新机制，以保证建立的虚拟工厂满足使用需求。

(2) 模型层

模型层应为根据物理工厂实际情况建立的虚拟工厂信息模型，一般可分为模型定义及描述、模型关系两个部分。模型定义及描述中应对虚拟工厂的关键要素信息模型的分类及内容给出规定，包括虚拟工厂各组成要素的静态信息和动态信息的信息模型库。模型关系中应对不同信息模型间的关系给出通用性要求，并可通过建立多层级不同模型关系组合形成模型组合库的方式实现虚拟工厂功能。虚拟工厂信息模型的具体内容应符合 GB/T 40654—2021 中给出的规定。

(3) 应用层

参照工厂运行和维护阶段产品生命周期的主要功能，应用层可依次划分为设计仿真、工艺流程规划、生产测试、产品交付 4 个阶段。模型层中的层级组合、关联组合、对等组合等多层级模型关系可以实现对信息模型的组合。通过信息模型的各种组合，应用层可提供不同的虚拟工厂业务功能。

2) 虚拟工厂业务功能

(1) 设计仿真

产品设计仿真阶段业务功能可包括构建产品设计、仿真方面的虚拟模型的映射和迭代关系，产品设计三维模型，以及围绕模型建立的不同产品、不同部件之间的关联模型等。

(2) 工艺流程规划

产品工艺流程规划阶段业务功能可包括构建产品工艺、流程规划方面的物理资源与虚拟模型的映射和迭代关系,以及产品工艺规划模型、工艺仿真数据库、工艺调用、虚拟试生产模型等。

(3) 生产测试

产品生产测试阶段业务功能可包括构建产品生产方面的与虚拟模型的映射和迭代关系,以及结合不同工艺的生产制造模型库、生产规则库、产品质量控制模型、数据服务总线、数据可视化服务、数据分析服务等。

(4) 产品交付

产品交付阶段业务功能可包括构建产品交付方面的物理资源与虚拟模型的映射和迭代关系,以及客户需求建立的产品质量追溯模型、售后维护机理模型等。

2. 信息模型

国家标准 GB/T 40654—2021 规定了虚拟工厂信息模型的模型框架、对象模型库、规则模型库,以及虚拟工厂信息模型的业务功能等。本标准适用于指导虚拟工厂信息模型的开发应用。

1) 信息模型框架

信息模型是一种对给定的虚拟工厂信息资源进行定义、描述和关联的组织方式和框架。虚拟工厂信息模型的建立应以实现虚拟工厂业务功能为目标,按照信息模型建立方法及模型属性信息要求进行。虚拟工厂信息模型库应包括以人员、设备设施、物料材料、场地环境等信息为主要内容的对象模型库和以生产工艺、生产管理、产品信息、生产物流、技术知识为主要内容的规则模型库。虚拟工厂信息模型框架见图 3-13。其中,虚拟工厂信息模型的业务功能按照 GB/T 40648—2021 中第 5 章规定的虚拟工厂运行阶段产品生命周期的 4 个阶段展开。

2) 对象模型库

(1) 对象模型库的组成

虚拟工厂对象模型库包含人员模型、设备设施模型、物料材料模型、场地环境模型及其相对应的模型关系。

(2) 对象模型属性信息分类

对象模型元素的属性信息可划分为静态信息和动态信息两部分,其中静态信息应包括身份信息、属性信息、计划信息和静态关系信息,动态信息应包括状态信息、位置信息、过程信息及动态关系信息。(a)身份信息用于明确对象身份,可包括模型名称、编号、型号、职能范围、采购价格等信息;(b)属性信息用于对象模型分类,可包括模型的常见类别信息,具体内容根据对象模型的不同而变化;(c)计划信息用于反映对象在生产运行过程中的计划,可包括模型的工作计划等;(d)状态信息用于明确对象状态,可包括当前工作状态、性能等信息;(e)技术信息用于描述模型特性,主要包括模型元素的技术参数、工艺要求、输入输出接口等信息;

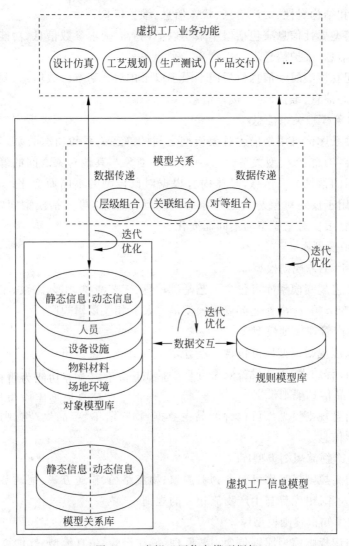

图 3-13 虚拟工厂信息模型框架

(f)过程信息用于反映模型在生产运行过程中的状况,主要包括模型元素的位置变动、工作参数、工艺变化、操作行为等信息;(g)其他信息用于反映模型其他状况,主要包括模型元素的辅助信息,如通信、维护等信息。

(3) 对象模型属性信息

人员模型属性信息应包括但不限于以下内容:身份信息、职能信息、技能信息、位置信息、状态信息。

设备设施模型属性信息应包括但不限于以下内容:技术规格、身份信息、位置信息、机械和结构属性、资产信息、状态信息、维护信息。

物料材料模型属性信息应包括但不限于以下内容:技术规格、身份信息、位置信息、机械和结构属性、资产信息、状态信息、维护信息。

场地模型属性信息应包括但不限于以下内容：基本参数信息、功能信息、布局信息、状态信息、维护信息。

公用配套模型属性信息包括但不限于以下内容：基本参数信息、安装信息、位置信息、状态信息、维护信息、接口信息。

（4）对象模型关系信息

模型关系库信息用来描述对象模型之间的静态关系和动态关系，包括但不限于以下内容：①静态模型关系信息，用于反映对象与其他对象之间的静态关系，可包括模型间的常见关系信息，具体内容根据对象模型的不同而变化；②动态模型关系信息，用于反映对象与其他对象之间的动态关系，可包括模型间常见动态关系，具体内容根据对象模型的不同而变化。

3）规则模型库

（1）生产工艺规则模型库

生产工艺规则模型库可包含工艺基础信息、工艺清单、工艺路线、工艺要求、工艺参数、生产节拍、标准作业等规则模型信息及其相关逻辑规则。

（2）生产管理规则模型库

生产管理规则模型库可包含生产计划、排产规则、生产班组、生产线产能、生产进度、生产排程约束、生产设备效率等规则模型信息及其相关逻辑规则。

（3）产品信息规则模型库

产品信息规则模型库可包含产品主数据、物料清单、产品生产规则、资源清单等规则模型信息。

（4）生产物流规则模型库

生产物流规则模型库可包含物料需求、物流路径、输送方式、配送节拍、在制品转运方式、入库、出库等与生产物流相关的规则。

（5）技术知识规则模型库

技术知识规则模型库可包含工艺原理、操作经验、仿真模型、软件算法等。

4）虚拟工厂信息模型关系

不同的信息模型组件可根据需要进行组合，以形成系统、产线等的集成。按照应用层所提供业务功能的不同要求，信息模型组件间的组合可采用层级组合、关联组合、对等组合等方式。

（1）层级组合

层级组合用以描述不同系统层级的信息模型按照层级关系依次组合的信息模型关系。在层级组合关系的描述下，可将具有从属关系的不同信息模型结合，作为整体进行功能实现。

（2）关联组合

关联组合用以描述不同信息模型之间存在的相互关联关系。在关联组合关系的描述下,可将非从属关系但相互耦合的信息模型建立关系,作为整体进行功能实现。

(3) 对等组合

对等组合用以描述不同信息模型之间存在的非耦合关系。在对等关系的描述下,可在独立的非耦合信息模型之间建立关系,作为整体进行功能实现。

5) 虚拟工厂信息模型业务功能

(1) 设计仿真

虚拟工厂的产品设计仿真应基于产品原型库、设计机理库等设计基础信息,建立产品的虚拟模型。在设计仿真阶段,还应将产品的虚拟模型在包括设备生产能力、设备生产环境的虚拟工厂运行环境中进行模拟生产,测试产品设计的合理性、可靠性,提升产品研发效率。

(2) 工艺流程规划

虚拟工厂的工艺流程规划应基于工艺知识库、设备布局信息、仓储情况等工艺流程规划基础信息,完成产品工艺流程规划。在工艺流程规划阶段,还应将包括工艺信息的产品虚拟模型在虚拟工厂的生产规划中进行流程模拟,测试产品工艺规划和流程规划的合理性、可靠性,提升工艺流程规划效率。

(3) 生产测试

生产测试应基于设备布局信息、设备运行信息等基础信息及包括工艺信息和生产信息的产品虚拟模型,对产品的生产环节进行模拟测试,测试产品设计、工艺规划及生产流程的合理性和可靠性,提升产品设计成功率和测试效率。

(4) 产品交付

虚拟工厂的产品交付应分为实体产品交付和产品虚拟模型交付两部分。其中产品虚拟模型应包括产品的外观信息、功能信息、工艺信息等内容,可适当提前于实体产品提供给用户,以满足用户提前进行模拟测试的需求。

拓展阅读

GB/T 38846—2020《智能工厂 工业自动化系统工程描述类库》

GB/T 38846
—2020

3.3 智能服务标准

3.3.1 个性化定制分类指南

国家标准 GB/T 40012—2021 根据个性化定制的特点,规定了其分类方法。

1. 概述

一般来讲,企业的生产运作过程分为设计、制造、装配、销售和售后服务五个阶段,每个阶段又是由一系列的运作环节所组成的。企业在生产运作的每个阶段及每个阶段任一环节,都有可能为客户提供定制产品(或服务)。个性化定制与通用生产是两种不同的生产模式。通用生产的生命周期维度是以设计、制造、装配、销售、售后服务的顺序展开,见图3-14。

图 3-14 通用生产模式

个性化定制则是以客户为中心、由订单驱动的智能服务模式。在个性化定制模式下,企业时刻以客户为核心,以让客户满意作为最高的追求目标。个性化定制的销售过程是前置的,见图3-15。

图 3-15 个性化定制模式

在个性化定制过程中,不仅有层次的问题,还有广度和深度的问题。定制从企业哪一个阶段及该阶段的哪个环节开始,受产品(或服务)的性质、企业和客户三方面因素影响,其中最主要的因素是客户。一般来说,产品(或服务)的价值越低,客户对其定制化程度要求就越低,产品(或服务)的价值越高,客户对其定制化程度要求则越高;企业的技术水平越高,能满足客户定制化要求的程度就越高,反之,则越低。不同行业产品特点不同,可能存在不同形式的定制;客户的需求不同,对个性化定制的定制要求也会不同,从而产生不同层次的定制。同种产品,不同的企业,由于企业技术水平的差异,实现个性化定制的深度也会有所不同。

与通用生产方式相比,个性化定制具有以下特点:销售环节前置,以客户为核心;以新一代信息技术和柔性制造技术为支撑;以模块化设计、零部件标准化为基础;以质量为前提;以敏捷为标志;以供应链管理为手段。

2. 分类

1) 按定制发生阶段分类

从供应链角度出发,根据客户参与程度的不同和企业定制活动在生产运作阶段的不同(即客户订单分离点的不同),将个性化定制分为完全化定制、设计定制、制造定制、装配定制、销售定制、售后服务定制六种类型,见图3-16。

(1) 完全化定制(CC)

客户参与从设计开始到售后服务的生产运作的全过程。对于此种定制,企业主要给客户提供必要的指导、技术支持、原材料和生产运作的场所。

(2) 设计定制(DTO)

根据客户订单中的特殊要求,重新设计能满足特殊需求的新零部件或整个产品,并在此基础上向客户提供定制产品的生产方式,定制发生在产品的设计阶段。在设计定制中,在设计阶段的开始就引入定制,相应地,在制造、装配和产品销售配

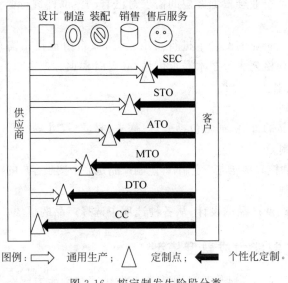

图 3-16 按定制发生阶段分类

送阶段也都是定制的。

(3) 制造定制(MTO)

产品在开始生产制造以前的设计等都是按照通用生产方式进行的,而在制造阶段是按客户的订单需求来定制生产的。此时,客户订单的改变直接影响到了产品制造阶段。产品的制造不再仅仅是企业的事,而是由客户与企业共同来完成的。

(4) 装配定制(ATO)

接到客户订单后,将企业中已有的零部件经过再配置后向客户提供定制产品的生产方式,定制发生在产品的装配阶段。在装配定制中,装配及其下游的活动是由客户订单驱动的。

(5) 销售定制(STO)

产品在销售环节以前的各个环节都是按照通用生产方式进行的,只有销售活动是按客户的需求进行定制的。

(6) 售后服务定制(SEC)

产品从设计到销售都是按通用生产方式进行的,只是在销售出去以后企业要按客户的要求提供个性化的服务。

2) 按产品定制程度分类

(1) 简定制

客户可以从一个或有限的几个方面对产品进行配置,可配置的选项由生产企业确定。

(2) 半定制

客户可从多个维度对产品进行配置,可在生产企业提供的配置选项外提出有限制的需求。生产企业会根据客户的需求对已有的零部件进行变型设计。

(3) 全定制

客户可在生产企业的配合下进行自由设计,或自由地提出需求。生产企业将需求转换成产品规格列表等技术需求信息,必要时根据客户需求重新设计产品。

3) 按产品定制内容分类

(1) 外观定制

客户定制产品的外观,通常包括颜色、样式、材质、尺寸等。

(2) 功能定制

客户对产品的核心功能进行定制,即定制产品是完全按照客户的特定需求设计的。

(3) 选项定制

允许客户不改变产品的设计,从各种选项中选择产品的模块。

3.3.2 定制能力成熟度模型

国家标准 GB/T 40814—2021 规定了个性化定制的能力成熟度模型。本标准适用于对制造企业个性化定制能力的成熟度进行评价。

对于个性化定制能力成熟度,该标准用个性化定制能力成熟度模型(简称"能力成熟度模型")予以描述。该能力成熟度模型由能力成熟度等级、过程阈(PA)、基本实践(BP)和通用实践(GP)组成。

1. 能力成熟度等级

能力成熟度等级定义逐步提升的 5 个等级,分别为已规划级、规范级、集成级、优化级、引领级,见图 3-17。个性化定制能力水平的提升通过渐进方式实现,较高的等级涵盖低等级的全部要求,等级不可跨级,即较高的等级必然以低等级为基础。只有企业的各过程域基本实践和通用实践的能力成熟度都达到同一个能力成熟度等级,才表明企业的个性化定制能力成熟度达到这个能力成熟度等级。

个性化定制能力成熟度等级的具体要求如下:

(1) 已规划级

在此级别,企业应有实施个性化定制的想法,并开始进行规划和投资。部分核心的制造环节应实现业务流程信息化,具备部分满足未来通信和集成需求的基础设施,企业应开始基于信息技术进行制造活动。

(2) 规范级

在此级别,企业应形成个性化定制的规划,对支撑核心业务的设备和系统进行投资,应通过技术改造,使主要设备具备数据采集和通信能力,实现覆盖核心业务环节的信息化升级。通过制度标准化接口和数据格式,部分支撑生产作业的信息系统应能实现内部集成,数据和信息在单一业务内部实现共享。

(3) 集成级

在此级别,企业对个性化定制的投资重点应从对基础设施、生产设备和信息系

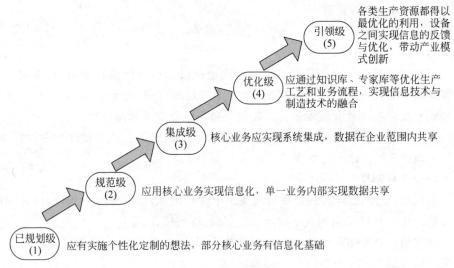

图 3-17 能力成熟度等级

统等的单项投入，向集成实施转变，重要的制造业务、生产设备、生产单元应完成数字化、网络化改造，应实现需求交互、设计研发、采购管理、生产管理、物流管理、售后服务等核心业务间的信息系统集成，应聚焦企业范围内的信息共享。

（4）优化级

在此级别，企业内生产系统、管理系统以及其他支撑系统应完成全面集成，实现企业级的数字建模，并将采集到的人员、装备、产品、环境数据以及生产过程中形成的数据进行分析，应通过知识库、专家库等优化生产工艺和业务流程，实现信息技术与制造技术的融合。

（5）引领级

在此级别，数据的分析与使用应贯穿企业的各方面，各类生产资源都得以最优化的利用，设备之间实现信息的反馈与优化。通过个性化定制，带动产业模式创新。

2. PA

能力成熟度模型中的 PA 包括 BP 和 GP 活动，见表 3-1。

表 3-1 PA 包含的 BP 和 GP

PA									
BP			GP						
PA01 组织管理	PA02 资源管理	PA03 生产保障	PA04 需求交互	PA05 设计研发	PA06 采购管理	PA07 生产管理	PA08 物流管理	PA09 售后服务	
BP01 组织战略	BP02 人力资源管理	BP03 设备管理	BP04 能源管理	BP05 质量控制	BP06 安全与环保	GP01 销售管理	GP02 产品设计	GP03 工艺设计	GP04 工艺优化	GP05 物料采购	GP06 计划与调度	GP07 生产作业	GP08 仓储配送	GP09 运输管理	GP10 产品服务

3. PA 中 BP 的要求

1) PA01 组织管理

(1) BP01 组织战略

组织战略是企业决策层对实现个性化定制目标而进行的方案策划、组织优化和管理制度的建立等。通过战略制定、方案策划和实施、资金投入和使用、组织优化和调整使企业个性化定制的发展始终保持与企业发展战略匹配。

已规划级：组织有发展个性化定制的愿景，并做出了包括资金投入的承诺。

规范级：组织已经形成发展个性化定制的战略规划，已有资金投入计划并建立了资金管理制度。

集成级：组织已经按照发展规划实施个性化定制，已有资金投入，个性化定制的发展战略正在推动组织发生变革，组织结构得到优化。

优化级：个性化定制已成为组织的核心竞争力，组织的战略调整是基于个性化定制的发展。

引领级：组织的个性化定制发展战略为组织创造了更高的经济效益，创新管理战略为组织带来了新的业务机会，产生了新的商业模式。

(2) BP02 人力资源管理

人力资源管理是实现个性化定制的关键因素。通过人员的培养、技能获取方式的实现、技能水平的提升，使人员具备与组织个性化定制水平相匹配的能力。

已规划级：能够确定构建个性化定制环境所需要的人员能力。

规范级：能够提供人员获取相应能力的途径。

集成级：能够基于个性化定制发展需要，对人员进行持续的教育或培训。

优化级：能够通过信息化系统分析现有人员的能力水平，使人员技能水平与个性化定制发展水平保持同步提升。

引领级：建立激励机制，使现有人员在更多领域获取个性化定制所需的技能，持续提升自身能力。

2) PA02 资源管理

(1) BP03 设备管理

设备数字化是个性化定制的基础，设备管理是对设备的数字化改造以及全生命周期管理，并能够达到对设备远程在线管理与预警等。

已规划级：能够采用信息化手段实现部分设备的日常管理，开始考虑设备的数字化改造。

规范级：持续进行设备数字化改造，能够采用信息化手段实现设备的状态管理。

集成级：能够采用设备管理系统实现设备的全生命周期管理，能够远程实时监控关键设备。

优化级：设备数字化改造基本完成，能够实现专家远程对设备进行在线诊断，已建立关键设备运行模型。

引领级：能够基于知识库、大数据分析对设备开展预知维修。

（2）BP04 能源管理

能源管理是通过能源计划、能源运行调度、能源统计以及碳资产管理等能源管理因素，利用信息化手段规范组织的能源管理，优化能源和资源的使用，旨在降低组织能源消耗、提高能源利用率。

已规划级：开始能源管理的信息化，实现部分能源数据的采集与监控。

规范级：能够通过信息化管理系统对主要能源数据进行采集、统计。

集成级：能够对能源消耗进行监控，能够将能源计划与生产计划进行融合。

优化级：能够实现能源动态监控和精细化管理，分析能源消耗的薄弱环节。

引领级：能够基于能源数据信息的采集和存储，对耗能和产能调度提供优化策略和优化方案，优化能源运行方式。

3）PA03 生产保障

（1）BP05 质量控制

质量控制是生产过程中稳定提高产品质量的关键环节，是生产过程中为确保产品质量而进行的各种活动。通过信息技术手段实现工序状态的在线检测，借助于数理统计方法的过程控制系统，把产品的质量控制从"事后检验"转换为"事前控制"，做到预防为主，防控结合，以达到全面质量管理的目的。

已规划级：建立质量检验所需的设备设施，并符合计量法规要求。根据客户个性化定制产品的不同质量要求，通过人工通知检验，编制、维护检验记录，形成检验数据。

规范级：建立质量控制系统，针对客户个性化定制的需求，采用信息技术手段辅助质量检验，通过对检验数据的分析和统计，实现满足客户个性化需求的质量控制图。

集成级：针对客户个性化定制产品的不同质量要求，判断出关键工序和工序的关键性能指标。实现关键工序在线检测，通过检验规程与数字化检验设备/系统的集成，自动对检验结果进行判断和预警。

优化级：针对历史上客户个性化定制产品发生的质量问题，建立产品质量问题处置的知识库，依据产品质量在线检测结果预测质量趋势，基于知识库自动给出生产过程的纠正措施。

引领级：基于人工智能和大数据等先进信息技术手段，对历史上客户个性化定制产品发生的质量问题进行分析，预测质量趋势，自动修复和调校相关生产参数，保证产品质量持续稳定。

（2）BP06 安全与环保

安全与环保是通过建立有效的管理平台，对安全、环保管理过程信息化，对数据进行收集、监控以及分析利用，最终能建立知识库，对安全作业和环境治理进行优化。

已规划级：已采用信息化手段进行风险、隐患、应急等安全管理以及环保数据监测统计等。

规范级：能够实现从清洁生产到末端治理的全过程信息化管理。

集成级：通过建立安全培训、典型隐患管理、应急管理等知识库辅助安全管理；对所有环境污染点进行实时在线监控，监控数据与生产、设备数据集成，对污染源超标及时预警。

优化级：支持多源的信息融合，建立应急指挥中心，通过专家库开展应急处置；建立环保治理模型并实时优化，在线生成环保优化方案。

引领级：基于知识库，支持安全作业分析与决策，实现安全作业与风险管控一体化管理；利用大数据自动预测所有污染源的整体环境情况，根据实时的生产设备、污染防治设备等数据，自动制定治理方案并执行。

4. PA 中 GP 的要求

1) PA04 需求交互

销售管理是通过信息化手段建立供需双方交互的平台，使制造企业能够及时、准确地了解客户的需求，为个性化定制提供依据，最终通过大数据分析等技术实现准确的需求预测，指导企业针对用户的不同需求实现个性化生产。

已规划级：应通过信息系统对销售业务进行管理。

规范级：通过信息系统实现销售全过程管理，强化客户关系管理。

集成级：对销售和生产、仓储等业务进行集成，实现客户的个性化需求，拉动生产、采购和物流计划。

优化级：应用知识模型优化客户需求预测，制定更为准确的销售计划。通过电子商务平台整合所有销售方式，实现根据客户的个性化需求自动调整采购、生产和物流计划。应通过移动客户端，提供产品全生命周期管理，实现产品全程可追溯。

引领级：应采用大数据和机器学习等技术，对电子商务平台销售数据、消费行为数据进行分析，不断优化销售预测模型。应用电子商务平台，实现对个性化的销售到回款的全过程管理。应通过智能客户服务系统，实现自然语言交互、智能客户管理、多维度数据挖掘，提供基于客户的个性化服务。

2) PA05 设计研发

(1) GP02 产品设计

产品设计的目的是解决企业如何基于客户需求，利用计算机辅助工具，根据经验、知识等快速开展外观、结构、功能等设计和优化，并与工艺设计有效衔接。

已规划级：基于设计经验开展计算机辅助二维设计，并制定产品设计相关标准规范。

规范级：实现计算机辅助三维设计及产品设计内部的协同。

集成级：应建立典型产品组件的标准库及典型产品设计知识库，在产品设计时进行匹配、引用。应构建集成产品设计信息的三维模型,进行关键环节的设计仿真优化,实现产品设计与工艺设计的并行协同。

优化级:应基于产品组件的标准库、产品设计知识库的集成和应用,实现产品参数化、模块化设计。应将产品的设计信息、制造信息、检验信息、运维信息、销售信息、服务信息等集成于产品的三维数字化模型中,实现基于模型的产品数据归档和管理。应构建完整的设计仿真分析平台,实现产品外观、结构、性能、工艺等全维度仿真分析与优化。通过对设计、制造、检验等业务的高度集成,实现各业务之间的协同。

引领级:基于参数化、模块化设计,建立个性化定制服务平台,具备个性化定制的接口与能力。应基于客户历史的个性化定制数据,建立产品全生命周期的业务模型,满足设计、制造、检验、运维、销售、服务等应用需求。基于大数据、人工智能技术的产品设计服务,实现产品个性化设计和协同化设计。

(2) GP03 工艺设计

采用工艺知识积累、挖掘、推理的方法进行工艺设计,利用先进技术工具,使生产工艺适用于离散型制造业。

已规划级:根据设计经验,进行计算机辅助工艺规划及工艺设计,建立产品设计与工艺设计数据之间的关联性。

规范级:实现工艺设计关键环节的仿真及工艺设计的内部协同。

集成级:实现计算机辅助三维工艺设计及仿真优化,实现工艺设计与产品设计的信息交互、并行协同。

优化级:应基于产品设计模型建立包含工装模型、工具模型和设备模型等信息的工艺模型,将完整的工艺信息集成于三维数字化模型中。应建立完整的工艺设计与管理系统,实现三维工艺设计的流程、结构的统一管理,具备版本管理、权限控制、电子审批等功能。实现基于工艺知识库的工艺设计与仿真,并实现工艺设计与制造间的协同。

引领级:应基于知识库实现辅助工艺创新推理及在线自主优化。应基于大数据,实现设计、工艺、制造、检验、运维等信息动态协同。应基于知识库,依托大数据、人工智能等先进技术建立设计服务平台,围绕产业链实现多领域、多区域、跨平台的全面协同,提供即时工艺设计服务。

(3) GP04 工艺优化

工艺优化同样是采用工艺知识积累、挖掘、推理的方法,利用优化平台等技术实现对工艺路线、参数等与产量、能耗、物料、设备等的最优化匹配,以低消耗、高效益满足客户个性化定制的需求。工艺优化适用于流程型制造业。

已规划级:具备符合国家/行业标准的工艺流程模型及参数。

规范级:生产工艺应稳定运行,并满足场地、安全、环境、质量要求。

集成级:应建立单元级工艺优化模型,针对现场异常数据信息,提供对应的优化方案。应基于现有工艺参数，综合考虑产量、质量、能源消耗、环保、运行工况、物料平衡等方面，实现工艺优化。

优化级：应建立全过程的工艺优化模型。应形成全过程的工艺优化知识库。基于工艺优化模型和知识库实现全流程工艺优化。

引领级：建立完整的三维数字化仿真模型，完成生产全过程的数字化模拟。基于大数据分析、人工智能等先进的信息技术，针对不同客户的个性化需求，实现工艺的实时在线优化。

3）PA06 采购管理

物料采购是通过对库存、客户需求、生产计划等的自动感知、预测以及合理控制，使企业达到经济合理的库存量，满足柔性生产的要求。

已规划级：具备一定的信息化基础辅助物料采购业务。

规范级：能够实现企业级的采购信息化管理，包括供应商管理、比价采购、合同管理等，实现数据共享。

集成级：实现采购管理系统与生产、仓储管理系统的集成，实现计划、流水、库存、单据的同步。

优化级：实现采购与供应、销售等过程联合。实现与重要供应商部分数据共享，根据客户的历史定制化需求，能够预测补货信息。

引领级：实现库存量实时感知，基于大数据技术，对销售预测和库存量进行分析和决策，形成实时采购计划。与供应链合作企业实现数据共享，整合供应链上所有企业，实现自动采购。通过大数据、人工智能等先进的信息技术，根据不同供应商对客户定制化需求的满足程度，实现对供应商的评价和选择。

4）PA07 生产管理

（1）GP06 计划与调度

计划与调度是实现所有生产活动的核心。通过信息技术进行准确的数据处理，对下达的生产任务进行一定程度上的优化调度，最大程度减少生产过程中的非增值时间，提高生产设备利用率，从而提高生产效率。

已规划级：实现主生产计划的管理，根据客户的个性化需求、销售订单等信息生成主生产计划及调度方案。

规范级：应建立信息系统，系统基于生产数量、交货期等约束条件自动生成主生产计划。应基于企业的安全库存、采购提前期、生产提前期等制约要素来实现物料需求计划的运算。

集成级：应基于约束理论的有限产能算法开展排产调度，并自动生成详细生产作业计划。根据客户的定制化需求，尽可能将相同或相似的零件进行分组（成组技术）集中生产。系统应自动预警和分析调度排产后的异常情况（如生产延时、产能不足等），并支持人工方法对异常进行调整。

优化级：应建立数学模型，基于客户个性化需求的历史数据，对未来的产能负荷进行分析预测。根据企业真实的客户需求和生产数据，进行详细能力计划的平衡，自动生成满足多种约束条件的排产方案。

引领级：基于大数据分析技术和各类智能优化算法，基于多种约束条件建立的标准工时数据库等，建立高级计划与调度系统。高级计划与调度系统的排程计算应通过不断"试算"的方式为企业提供逐步优化的生产决策依据。

(2) GP07 生产作业

生产作业是以最佳方式将生产物料、机器等生产要素以及生产过程等有效结合起来，形成联动作业和连续生产，取得最大的生产成果和经济效益。

已规划级：具备自动化和数字化的设备及生产线，具备现场控制系统。

规范级：能够采用信息化手段将各类工艺、作业指导书等电子文件下发到生产单元，实现对人员、机器、物料等多项资源的数据采集。

集成级：能够实现资源管理、工艺路线、生产作业、仓储配送等业务集成，采集生产过程实时数据信息并存储，能够提供实时更新的制造过程分析结果。

优化级：应通过信息系统集成实现生产过程三维电子作业指导、运行参数和生产指令自动下发到数字化设备。企业应实现生产作业数据的自动采集与在线优化，并根据优化结果调整生产工艺、工位和生产线布局。针对客户不同的个性化定制需求，企业应建立信息系统，优化现场管理决策。

引领级：应基于大数据技术实现生产作业全过程仿真，优化生产作业模型，满足个性化、柔性化的生产需求。应建立生产指挥中心，实现生产现场可视化监控，指导生产作业。应用智能设备、物联网和大数据技术，实现生产作业过程的无人化或少人化。

5) PA08 物流管理

(1) GP08 仓储配送

仓储配送是指厂内物料存储和物流，利用标识和识别技术、自动化的传输线、信息化管理手段等，实现对原材料、半成品等的标识与分类、数据采集、运输以及库位管理，自动完成零部件的取送任务。

已规划级：能够实现基于信息管理系统对原材料、中间件、成品等的库存、盘点管理。

规范级：能够利用条形码、二维码、RFID等实现对原材料、中间件、成品等的数字化标识，并基于识别技术实现自动化或半自动化出入库管理。

集成级：能够实现仓储配送与生产计划、制造执行以及企业资源管理等业务的集成。

优化级：基于仓储配送系统与企业资源管理系统、供应链管理系统、制造执行系统的集成，针对不同客户的个性化定制需求，对仓储模型和配送模型进行优化，实现最小库存和方便快捷配送。实现仓储和配送的智能化管理，实现实时物料配送。根据实时数据进行趋势预测，自动给出纠正和预防措施。

引领级：基于客户的个性化定制需求，实现全流程自主实时分拣和配送。运用大数据、人工智能等技术，实现仓储配送与计划排产、生产作业的集成优化，实现最优库存或即时供货。基于核心分拣算法和智能配送算法的优化，满足个性化、柔性化生产的实时配送需求。

(2) GP09 运输管理

运输管理是将产品运送到下游企业或用户的过程，利用条形码、二维码、RFID、传感器以及实时定位系统等物联网技术，通过信息处理和网络通信技术平台实现运输过程的自动化运作、视频监控和对车辆、路径的优化管理等，以提高运输效率、减少能源消耗。运输能力成熟度的提升是从订单、计划调度、信息跟踪的信息化管理开始，到通过多种策略进行管理，最终实现精益化管理和智能化运输。

已规划级：通过信息化手段管理运输过程，对信息进行简单跟踪反馈。

规范级：通过信息系统实现订单管理、计划调度、信息跟踪和运力资源管理。

集成级：实现出库和运输过程整合，实现多式联运，物流信息能够推送给客户。

优化级：应通过每一环节的精益管理，实现对于最终订单执行结果的保障，系统应具有异常处理功能。应根据模型优化引擎提供最佳配送路线。应通过实时定位技术、传感器、网络和移动通信网络等技术，实现全程货物跟踪，随时随地掌握货物信息。

引领级：应通过 RFID、物联网等技术实现物流信息链畅通。应通过视频监控和通信网络等技术实现全程监控物流过程，企业和客户可随时随地查看物品的位置和状态。

6) PA09 售后服务

产品服务是借助数据挖掘和智能分析等技术，捕捉、分析用户的个性化需求，更加主动、精准、高效地给用户提供服务，向按需和主动服务的方向发展。

已规划级：设立产品服务部门，通过信息化手段管理客户对产品的需求信息。

规范级：具有规范的产品服务管理制度，通过信息系统进行产品服务管理，并把产品服务信息反馈给相关部门，指导产品过程提升。

集成级：可通过网络和远程工具提供产品服务，并把产品故障分析结果反馈给相关部门，有利于持续改进产品的设计生产。

优化级：通过远程运维服务平台，提供在线检测、故障预警、预测性维护、运行优化、远程升级等服务，通过与其他系统的集成，把信息反馈给相关部门，有利于持续改进产品的设计生产。

引领级：通过物联网技术、增强现实/虚拟现实技术和大数据分析技术，实现运行状态、使用效率和故障处理的深度挖掘与跟踪分析，实现智能化服务和创新性应用服务。

3.3.3 远程运维技术模型

国家标准 GB/T 39837—2021 描述了远程运维技术参考模型。本标准适用于工业制造业的远程运维系统规划、设计、开发和运行。

1. 远程运维技术参考模型

远程运维技术参考模型见图 3-18,其包括两个层次要素和一个保障体系。横向层次要素的上层对其下层具有依赖关系,纵向保障体系对于两个横向层次要素具有约束关系。横向层次要素和纵向保障体系分别描述如下。

(1) 运维应用层:在运维支撑层的基础上建立的各种远程运维应用,包括设备管理、设备故障处理、设备保养等,为设备生产厂商、企业用户、设备专家等提供整体的运维应用和服务。

(2) 运维支撑层:通过平台、网络及数据支撑,保障远程运维业务的运转。

(3) 安全保障体系:为远程运维系统构建统一的安全平台,实现统一入口、统一认证、统一授权、运行跟踪、应急响应等安全机制,涉及各横向层次要素。

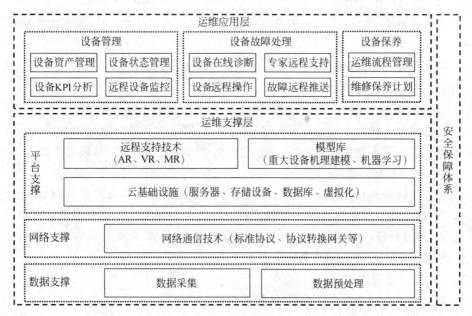

图 3-18 远程运维技术参考模型

2. 远程运维技术要求

1) 设备管理

设备管理是以设备为研究对象,追求设备综合效率,应用一系列理论、方法,通过一系列措施,对设备的运行和维护进行全过程(从使用、保养、维修、更新直至报废)的管理。其应用支撑包括设备资产管理、设备状态可视化、运维报表、远程设备监控。

(1) 设备资产管理

设备资产管理通过对设备管理中各类数据的分析、判断,辅助企业把握故障的规律,提高故障预测、监控和处理能力,减少故障率,为设备管理人员和企业管理者提供决策依据。应满足以下要求:建立设备台账信息,记录设备的图纸参数及设备履历信息;保证固定资产的价值形态清楚、完整和正确无误,具备固定资产清理、核算和评估等功能;提高设备利用率与设备资产经营效益,确保资产的保值增值。

(2) 设备状态管理

设备状态管理通过实时监控设备,采集设备的各种运行数据,结合设备的地理位置等信息,提供设备的运行信息,及时把握设备的整体运行状况。应满足以下要求:设备的运行信息包括但不限于设备状态、能耗、位置等信息;应遵守相关领域标准。

(3) 设备 KPI 分析

设备 KPI 分析针对设备维护管理记录的数据进行分析,用以记录设备发生的全部维护管理活动并且衡量关键指标。通过运维报表对故障进行分析验证。

(4) 远程设备监控

远程设备监控在线获取现场设备的运行状态和故障信息。应满足以下要求:通过对设备运行状况、备件磨损状况及耗材的使用状况的实时监测,从设备出厂开始进行全方位的生命周期管理;具备预测备件的更换时间以及耗材的补充时间的能力,实现高效的维护保养计划,保持备件及耗材的最优库存。

2) 设备故障处理

设备故障处理是针对设备丧失规定的功能,做出的一系列恢复操作。其应用支撑包括但不限于设备在线诊断、专家远程支持、设备远程操作、故障远程推送。

(1) 设备在线诊断

设备在线诊断是通过远程监控对设备运行状态和异常情况做出判断,并给出解决方案,为设备故障恢复实时提供依据。应满足以下要求:具备对设备进行远程监测,发现设备故障的能力;具备对故障类型、故障部位及原因进行诊断的能力;具备给出解决方案,实现故障恢复的能力。

(2) 专家远程支持

专家远程支持是对设备诊断、维修的专家在线指导。

(3) 设备远程操作

设备远程操作是对设备进行的各种远程操作。应满足以下要求:具备远程登录设备的能力;具备远程输入操作指令的能力;设备应具有响应远程操作的能力。

(4) 故障远程推送

故障远程推送应满足以下要求:故障告警及通知,支持 Email 或者短信、微信等告警的实时通知消息;故障分析报表推送。可按照故障级别、事件类别出具故障的分析报表,便于改善服务。

3）设备保养

设备保养是对设备在使用中或使用后的护理。其应用支撑包括但不限于运维流程管理、维修保养计划。

（1）运维流程管理

运维流程管理从宏观上监控流程，确保运维流程正确执行。应满足以下要求：总体上管理和监控流程，建立事件流程实施、评估和持续优化机制；确定管理流程的衡量指标。

（2）维修保养计划

维修保养计划是基于设备监控履历及故障处理信息，在计划期内对设备进行维护保养和检查修理的计划。应满足以下要求：具备设备保养记录的能力；具备研究设备动态损伤规律的能力；设计和实施预防保健、健康监测、平衡调整、动态养护维修对策和健康维保制度。

4）平台支撑

平台应将主机、存储、网络及其他硬件基础设施，通过虚拟化等技术进行整合，形成一个逻辑整体，在统一安全的系统支撑下提供计算资源池和存储资源池，实施资源监控、管理和调度，并通过对运维数据模型的抽取，实现远程运维功能。

平台由远程支持技术、模型库和云基础设施组成。平台根据远程运维应用的需要，融合来自下层的数据，并具有深度挖掘分析的能力。

（1）远程支持技术：远程支持技术包括但不限于 AR、VR、MR 等技术。

（2）模型库：具备远程运维所需的重大设备机理建模、机器学习等模型库。

（3）云基础设施：提供虚拟化的计算资源、存储资源和网络资源，以及基础框架、存储框架、计算框架、消息系统等支撑能力，平台及平台用户、远程运维应用可以调用这些资源和支撑能力。应满足以下要求：具备计算、存储等资源的弹性扩容，并根据业务负载情况进行弹性的自动伸缩；能够实现物理机、虚拟机的高可用，当单个的物理、虚拟节点发生故障，能够保持业务连续性；采用分布式存储技术，具备数据容灾设计，能够实现对全平台存储数据的周期性全量、增量备份机制；支持多种网络类型，提供灵活高效的组网能力。

5）网络支撑

网络支撑将采集到的各类数据通过公共网络或专用网络传输到支撑平台。应满足以下要求：支持专用网络与各种连接对象（指设备、系统、智能产品、数据资源）互联；支持固定网、移动网和互联网、专网等接入；支持数据通道、消息通道等多种信息传送通道，对于数据通道，应提供必要的数据安全机制；保障连接对象的接入带宽、速率、时延、优先级等。

6）数据支撑

（1）数据采集

数据采集应满足以下要求：支持工业以太网，实现对工业专用设备/控制系统的数据连接;支持 HTTP、OPC/OPC UA 等接口协议,实现智能设备数据的采集;提供设备感知、环境感知等不同类别数据的发现、获取、传输、接收、识别与存储能力;支持结构化数据、半结构化数据、非结构化数据等不同类型的数据源;提供数据的实时传输和处理能力;提供采集对象和采集过程的监控管理功能。

(2) 数据预处理

数据预处理应满足以下要求:提供结构化数据、半结构化数据的抽取、转换和加载功能;支持对原始数据的清洗,将非标准的数据统一格式化为结构数据;支持数据质量自动化监控,满足远程运维需求的数据质量要求。

7) 安全保障体系

安全保障体系应遵循现有且适合于远程运维平台规划、设计、建设等各个环节的国家和行业安全技术和安全管理的相关标准。

GB/T 38994—2020

GB/T 37684—2019

拓展阅读

GB/T 38994—2020《船舶数字化协同制造技术通用要求》

GB/T 37684—2019《物联网 协同信息处理参考模型》

3.4 智能赋能技术标准

3.4.1 大数据工业应用参考架构

国家标准 GB/T 38666—2020 规定了大数据在工业领域的参考架构,及其各组成部分(构件)的基本功能。本标准适用于工业大数据开发、管理和应用。

1. 参考架构

本标准在 GB/T 35589—2017 定义的大数据参考架构的基础上,针对工业领域应用,进一步细化了数据提供者和数据消费者,明确了工业领域的应用提供者,参考架构(IBDRA)见图 3-19。

2. 构件功能

1) 系统协调者

系统协调者的功能可由管理员、软件或二者的组合以集中式或分布式的形式实现。系统协调者的主要功能是规范和集成数据应用活动,具体包括以下 4 个方面:

(1) 配置和管理 IBDRA 中其他构件执行一个或多个工作负载,以确保各工作项能正常运行。

(2) 为其他组件分配对应的物理或虚拟节点。

(3) 对各组件的运行情况进行监控。

(4) 通过动态调配资源等方式来确保各组件的服务质量水平达到所需要求。

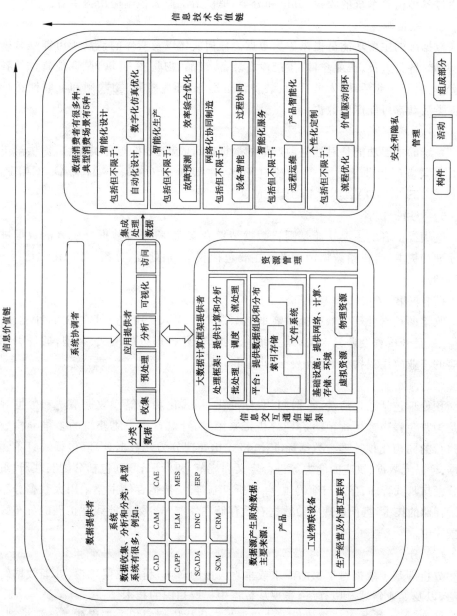

图 3-19 大数据工业应用参考架构

2) 数据提供者

数据提供者的主要功能是将原始数据收集起来,经过预处理提供给工业大数据应用提供者。此构件主要包括数据源和系统两部分。数据源产生原始数据,之后通过各种信息系统的收集、分析和分类,提供给工业大数据应用提供者。

(1) 数据源

数据源的主要功能是提供原始数据。任何实体以及实体的活动都可能是数据源,例如,各类人员、工业软件、生产设备装备、产品、物联网、互联网、其他软件等各类实体,以及企业活动、人员行为、装备设备运行、环境检测、物联网和互联网运行等各类活动都可能产生数据。

(2) 系统

系统的主要功能是对数据源产生的数据进行收集、分析与分类,然后提供给工业大数据应用提供者。此类系统有很多,主要包括 CAD、CAM、CAE、CAPP、PLM、MES、SCADA、DNC、ERP、SCM、CRM 等。

3) 应用提供者

应用提供者的主要功能是围绕数据消费者需求,将来自数据提供者的数据进行处理和提取,提供给数据消费者。主要包括收集、预处理、分析、可视化和访问 5 个活动。

(1) 收集

收集即负责处理与数据提供者的接口和数据引入。由于工业数据的种类、格式很多,且开放程度差异很大,缺少统一标准,需要根据数据格式、类型,通过引用对应的工业应用或构件,完成数据的识别和导入。

(2) 预处理

预处理包括数据清洗、数据归约、标准化、格式化和存储。数据清洗和数据规约是为避免噪声或干扰项给后期分析带来困难,针对首次采集获得的多维异构数据执行的同构化预处理。数据标准化、格式化处理分为元数据处理(包括对订单元数据、产品元数据、供应商能力等进行定义和规范)和标识管理(包括分配与注册、编码分发与测试管理、存储与编码规范、解析机制等)。数据存储主要采用大数据分布式云存储的技术,将预处理后的数据有效存储在性能和容量都能线性扩展的分布式数据库中。

(3) 分析

分析即基于数据科学家的需求或垂直应用的需求,利用数据建模、处理数据的算法,以及工业领域专用算法,实现从数据中提取知识的技术。

例如,对无法基于传统建模方法建立生产优化模型的相关工序建立特征模型,基于订单、机器、工艺、计划等生产历史数据、实时数据及相关生产优化仿真数据,采用聚类、分类、规则挖掘等数据挖掘方法及预测机制建立多类基于数据的工业过程优化特征模型。

（4）可视化

可视化即对经处理、分析运算后的数据,通过合适的显示技术,如大数据可视化技术、工业 2D 或 3D 场景可视化技术等,呈现给最终的数据消费者。

（5）访问

访问与可视化和分析功能交互,响应数据消费者和应用程序的请求。

4）大数据计算框架提供者

按 GB/T 35589—2017 中 7.4.1 节,大数据框架提供者的主要功能是为工业大数据应用提供者在创建具体应用时提供使用的资源和服务。大数据计算框架提供者包括基础设施、平台、处理框架、信息通信和资源管理 5 个活动。

（1）基础设施

基础设施为大数据系统中的所有其他要素提供必要的资源,分为下面 4 类：网络（从一个资源向另一个资源传输数据的资源）；计算（用于执行和保持其他组件的软件的实际处理器和存储器）；存储（大数据系统中保存数据的资源）；环境（在建立大数据实例的时候需考虑的物理厂房资源,如电力、制冷等）。

（2）平台

平台包含逻辑数据的组织和分布,支持文件系统方式存储和索引存储方法。文件系统存储实施某种级别的 POSIX 标准以获取权限,进行相关的文件操作；索引存储方法无须扫描整个数据集,便可以迅速定位数据的具体要素。

（3）处理框架

处理框架提供必要的基础设施软件以支持应用程序能够满足数据数量、速度和多样性的处理,包括批处理、流处理,以及两者的数据交换与数据操作。

（4）信息通信

信息通信包含点对点传输和存储转发两种通信模型。在点对点传输模型中,发送者通过信道直接将所传输的信息发送给接收者；在存储转发通信模型中,发送者会将信息先发送给中间实体,然后中间实体再逐条转发给接收者。点对点传输模型还包括多播这种特殊的通信模式,在多播中,一个发送者可将信息发送给多个而不是一个接收者。

（5）资源管理

资源管理即计算、存储及实现两者互联互通的网络连接管理。其主要目标是实现分布式的、弹性的资源调配,具体包括对存储资源的管理和对计算资源的管理。

5）数据消费者

数据消费者的主要功能是通过调用工业大数据应用提供者提供的接口按需访问信息,并进行加工处理,以达到特定的目标。数据消费者有很多种,典型的有智能化设计、智能化生产、网络化协同制造、智能化服务和个性化定制 5 种智能制造模式。

（1）智能化设计

智能化设计即以产品数据为核心,通过对输出的产品模型、知识库（例如 2D、

3D图纸、产品结构和工艺路线)、用户使用数据等的集成关联和分析,帮助设计人员实现产品的优化设计、创新设计或自动化设计。典型的智能化设计有自动化设计、数字化仿真优化。

自动化设计通过集成工程设计、仿真、试制、试验过程中的多种CAX计算机辅助设计工具和系统,实现CAX平台数据(例如任务流程数据、工程应用数据、设计知识)的互通;结合智能语义分析,实现设计过程的自动化执行,并在此基础上实现多学科综合设计优化。

数字化仿真优化用于顺应设计数据的关联性,在设计阶段有效地对产品进行综合的评估和改进。

(2) 智能化生产

智能化生产指人机智能交互、工业机器人、制造工艺的仿真优化、数字化控制、状态监测等先进工业技术在生产制造中的应用,主要包括生产效率综合优化、生产故障预测等典型场景。

生产效率综合优化通过对生产过程中相关产线、装备、设备的关键指标进行监控、数据挖掘和分析,实现产线升级、产品质量优化、设备故障诊断与维护、智能排程、智能生产等,综合优化生产过程和生产效率。生产故障预测根据经验数据进行对比建模,对生产过程中的故障进行预测诊断,降低设备故障对制造过程造成的影响。

(3) 网络化协同制造

网络化协同制造即在设备物联、智能控制、生产过程透明化基础上,实现制造资源、制造能力、制造过程的信息透明,根据订单特征,连通不同物理区域的多样化生产资源,完成最优化的资源配置,实现高质高效的协同制造、组装和交付过程。

(4) 智能化服务

智能化服务即在生产管理服务和产品售后服务环节,对产品运行及使用数据进行收集、分析和优化,所得数据结果可以辅助产品设计的优化,以及产品的智能化诊断、运维和远程控制等。同时,可以实现智能检测监管的应用,如危险化学品、食品、印染、稀土、农药等重点行业智能检测监管应用。

(5) 个性化定制

个性化定制即基于用户定制化需求,通过全流程建模和数据集成贯通,将用户需求和企业产品设计、生产计划精准匹配,并借助模块化产线、新型制造工艺,积累并闭环优化各环节经验数据,实现数据流动的自动化、智能化,并通过数据驱动计划、设计、生产、物流和交付等过程,持续优化提升整体运作效率和用户体验。

6) 安全和隐私

在安全和隐私管理模块,通过不同的技术手段和安全措施,构建大数据平台安全防护体系,实现覆盖硬件、软件和上层应用的安全保护,按GB/T 35589—2017中7.6节,该构件主要包括以下4种功能:网络安全(通过网络安全技术,保证数据处理、存储安全和维护正常运行);主机安全(通过对集群内节点的操作系统安全加固等手段保证节点正常运行);应用安全(具有身份鉴别和认证、用户和权限管理、数据库加固、用户口令管理、审计控制等安全措施,实施合法用户合理访问资源的安全策略);数据安全(从集群容灾、备份、数据完整性、数据分角色存储、数据访问控制等方面保证用户数据的安全)。

隐私保护是在不暴露用户敏感信息的前提下进行有效的数据挖掘,根据需要保护的内容不同,可分为位置隐私保护、标识符匿名保护和连接关系匿名保护等。

7) 管理

按 GB/T 35589—2017 中 7.7 节,该构件的主要功能覆盖以下几个方面:

(1) 提供大规模集群统一的运维管理系统,能够对数据中心、基础硬件、平台软件和应用软件进行集中运维、统一管理,实现安装部署、参数配置、监控、告警、用户管理、权限管理、审计、服务管理、健康检查、问题定位、升级和修复等功能。

(2) 具有自动化运维的能力,通过对多个数据中心的资源进行统一管理,合理地分配和调度业务所需要的资源,做到自动化按需分配。同时提供对多个数据中心的信息技术基础设施进行集中运维的能力,自动化监控数据中心内各种信息技术设备的事件、告警、性能,实现从业务维度来进行运维的能力。

(3) 对主管理系统节点及所有业务组件中心管理节点实现高可靠性的双机机制,采用主备或负荷分担配置,避免单点故障场景对系统可靠性的影响。

3.4.2 工业云服务能力、协议与计量

1. 工业云服务能力通用要求

国家标准 GB/T 37724—2019 规定了工业云服务业务能力的生命周期及分类,提出了工业云服务业务能力的通用要求。

1) 业务能力生命周期和要求

工业云服务业务能力生命周期包括规划、建设、运营和评估 4 个阶段。

(1) 规划

规划是工业云服务提供者根据工业云服务客户业务活动的需求,分析并制定在工业云平台上向工业云服务客户具体输出哪些服务内容的方案,以便合理地配置、调度各类资源。

应包含:分析需求(分析用户对工业云服务的需求,并将用户需求映射到己方可提供的服务能力上);评估资源(清点、核算己方现有资源,明确需求与现有资源、能力之间的差距);制定规划设计方案(制定规划设计方案及备选方案,作为能力建设的具体指导文件)。

(2) 建设

建设是工业云服务提供者根据能力规划的具体内容,组织资源和能力,接入工业云平台上,以便向用户进行服务的输出。

应满足以下特征:广泛的网络接入(能通过网络使用工业云服务,用户能从任

何网络覆盖的地方,使用多种客户端设备访问和使用工业云服务,客户端设备包括传统设备、移动设备及智能装备,智能装备包括生产设备、检测设备、物流设备及仓储设备等);可度量(能对工业云服务的使用量进行度量,支持一种或多种计费方式,工业云服务客户只需对消费的资源或业务能力服务进行付费);多租户(通过对工业云服务的分配实现多个租户以及他们的数据彼此隔离和不可访问);按需自服务(能够按工业云服务客户的需求自动地(或通过与工业云服务客户的最少交互)配置工业云服务);弹性(工业云服务能够快速、灵活,有时是自动化地供应,以达到快速增减资源目的的特性);资源池化(将工业云服务提供者的物理或虚拟资源集成起来,服务于一个或多个工业云服务客户的特性)。

(3) 运营

运营是业务能力上线、展示、检索、咨询、交易、交付、更新、撤销等操作。

应满足以下要求:上线(工业云服务提供者能够利用工业云平台提供的标准发布程序对业务能力进行自主发布,且所有发布均限于业务能力本身,不会造成其他工业云服务的中断);展示(工业云服务提供者把业务能力上线后,提供完整功能说明与使用指导,能够让工业云服务客户清晰地知晓该业务能力能解决何种问题);检索(上线的业务能力本身具备关键字等特性,能够被工业云服务客户快速检索);咨询(提供必要的沟通手段,能够让工业云服务客户向工业云服务提供者完成必要的咨询活动);交易(工业云服务客户能够按需灵活地订购相关服务,并向工业云服务提供者支付报酬);交付(业务能力的交付满足及时、可用的特点,并能够提供可量化、可计量的验收指标,用于工业云服务客户对业务能力的验收);更新(工业云服务提供者更新业务能力时,充分考虑相关业务能力的关联性及对工业云服务客户的影响);撤销(该业务能力无任何工业云服务客户继续使用或相关合约终止时才可撤销,撤销时保留撤销历史,便于追溯)。

(4) 评估

评估是对工业云服务业务能力综合效果进行评价,工业云服务协作者或工业云服务客户等可以评估工业云服务提供者所提供的服务等级。

宜包括但不限于以下特征:完备性(包括功能实现的完整程度和功能实现的正确程度);适合性(包括功能满足用户使用需求的程度和功能规格说明的稳定性);正确性(提供精准数据或相符结果的能力);互操作性(提供业务服务的过程中与一个或多个平台进行交互的能力);信息安全性(保护信息和数据以使未授权的人员或系统不能阅读或修改这些信息或数据);依从性(业务能力遵循与业务相关的标准、约定或法规以及类似规定的能力)。

2) 业务能力分类和要求

业务能力是工业云服务的主要支撑。不同的业务能力之间不交叉,共同构成工业云服务生态系统。每个工业云服务对应一个或多个业务能力。根据产品全生命周期中的工业生产活动进行业务能力分类,主要环节所需要体现的业务能力分为研发设计服务能力、采购服务能力、生产制造服务能力、检测服务能力、物流服务能力、营销服务能力、售后服务能力。

(1) 研发设计服务能力

实现研发设计服务能力时，工业云服务提供者应提供研发设计能力信息的在线发布，并提供相应的功能组件，供工业云服务客户描述其需求。其中研发设计能力信息至少包括研发设计专业人员、设计工具等信息；应依据用户权限等级和业务需求，实现部分或全部研发设计模型、文件、数据等资源的共享；宜提供建模服务、分析服务、制图服务、工艺服务、仿真服务、逆向服务、试验服务、数控编程服务等其中一项或多项服务；宜提供研发设计业务的在线咨询；宜提供研发设计云端案例库，并实现在线的研发设计案例的分析、集成、共享和管理。可提供研发设计任务的在线跟踪、查询；可提供研发设计任务分发（或众包）、分工协作，实现分布式、异地设计研发的协同。

(2) 采购服务能力

实现采购服务能力时，工业云服务提供者应提供采购能力信息的在线发布，并提供相应的功能组件，供工业云服务客户描述其需求。其中采购能力信息至少包括生产资料、采购人员等信息；宜提供采购协议在线签署；可在线提供采购产品的出入库管理；可提供采购价格行情参考、分析等资料，便于授权用户从云端获取相关信息或数据。

(3) 生产制造服务能力

实现生产制造服务能力时，工业云服务提供者应提供生产制造能力信息的在线发布，并提供相应的功能组件，供工业云服务客户描述其需求。其中生产制造能力信息至少包括生产资料、产能范围、人员等信息；宜共享生产制造资源和数据资源，调用跨部门、跨企业、跨区域的生产制造资源，实现协同制造；可在线制定预计划排产，并监控计划与现场实际的偏差，动态调整排产计划；可对生产过程中产生的各类数据资源进行采集与分析，把数据信息展现并同步到关联角色（人、装备等）；可响应过程中授权用户线上需求调整与反馈，满足个性化定制需求；可对产品生产全过程进行回溯，授权用户能访问云端的生产过程记录数据。

(4) 检测服务能力

实现检测服务能力时，工业云服务提供者应提供检测能力信息的在线发布，并提供相应的功能组件，供工业云服务客户描述其需求。其中检测能力信息至少包括检测设备、检测人员、检测周期、检测流程等信息；宜在线提供检测依据、检测方法和检测结果；可提供检测详细过程记录、检测对象的改进建议等，授权用户可访问相关云端数据；可对工业装备、系统或产品的技术指标进行分析和评价，授权用户可访问相关云端数据；可提供产品和装备的在线状态检测，授权用户可接入查看实时数据。

(5) 物流服务能力

实现物流服务能力时，工业云服务提供者应提供物流服务能力信息的在线发布,并提供相应的功能组件,供工业云服务客户描述其需求。其中物流服务能力信息至少包括人员或团队、专业范围、物流设施设备等信息;宜支持线上物流委托功能;宜提供物流信息跟踪,授权用户可访问查看;可提供物流变更信息更新,具备多物流供应商服务的在线动态调配功能;可提供在线众包物流。

（6）营销服务能力

实现营销服务能力时,工业云服务提供者应提供营销能力信息的在线发布,并提供相应的功能组件,供工业云服务客户描述其需求。其中营销能力信息至少包括营销人员、营销方式等信息;宜提供营销全过程的在线跟踪监测;可提供在线调查、订单管理、费用管理、价格管理、推广促销、竞争分析等多维度管控。

（7）售后服务能力

实现售后服务能力时,工业云服务提供者应提供售后能力信息的在线发布,并提供相应的功能组件,供工业云服务客户描述其需求。其中售后能力信息至少包括售后人员、售后服务联系方式等信息;宜提供线上客户购买信息管理、售后自动化接单、按需任务分发、回访管理等服务的一项或多项;可提供售后服务过程在线信息管理,授权用户可接入访问并进行信息管理操作;可提供在线远程监测、故障预警、远程诊断、协同维护中的一项或多项产品售后服务。

2. 工业云服务服务协议指南

国家标准 GB/T 40203—2021 给出了工业云服务协议的构成要素,明确了服务协议的流程和管理。本标准适用于工业云服务协议的签订和评价。

工业云服务协议明确了工业云服务的范围、内容和要求,并明确工业云服务提供者和工业云服务客户双方的权利与责任。工业云服务协议是工业云服务提供者和工业云服务客户双方对服务相关约定的一致理解和认可,也是进行服务考核、改善服务质量的有效依据。

1）服务协议要素

工业云服务协议中包含必备要素和可选要素。

必备要素是指对各类型工业云服务的服务协议都适用的要素,包括:

（1）服务内容

在服务协议中,对于所提供工业云服务的服务范围、服务项目和服务方式的规定。服务内容宜明确所提供工业云服务的服务范围、服务项目和服务方式。

（2）服务期限和服务时间

在服务协议中,双方对所提供工业云服务的服务期限和服务可用时间的规定。服务期限宜明确所提供工业云服务的起止时间。服务时间宜明确所提供工业云服务的可用时间窗口。

（3）服务指标

在服务协议中,用于评估、衡量工业云服务提供者服务能力的参数。工业云服务指标是可理解和可度量的。服务指标包含两类:定量的服务指标和定性的服务指标。

(4) 服务目标

在服务协议中,工业云服务提供者承诺达到的服务指标的量化数值或特定要求,用于衡量服务指标的达成结果。对于定量的服务指标,服务目标宜采用量化数值,如 99.9%、1h、1 次等。对于定性的服务指标,服务目标宜明确特定要求,如是、否、一级、二级等。

(5) 服务交付物

在服务协议中,工业云服务提供者承诺向工业服务客户交付的有形或无形的成果。服务交付物宜明确交付成果内容、交付方式、交付时间等。有形成果包括工业产品、工业装备、工业软件、设计文件、数据等。无形成果包括状态恢复、性能提升、业务优化、知识资产等。

(6) 职责和义务

在服务协议中,宜明确工业云服务各类角色应遵守的职责和义务。工业云服务提供者的职责和义务至少包括对服务协议、服务承诺、服务支持、法律法规要求等内容。工业云服务客户的职责和业务包括使用服务所需的运行环境(如场地、用电、空调、网络等)、使用规范、法律法规要求等内容。必要时,明确工业云服务协作者对等的职责和义务。

(7) 售后服务渠道

在服务协议中,工业云服务提供者承诺向工业云服务客户提供的各种售后服务渠道。例如热线电话、电子邮件或常用的社交软件。售后服务渠道至少包括工业云服务提供者的售后服务电话和邮箱。

(8) 补偿

在服务协议中,宜明确达不到服务目标时的补偿标准。对于补偿标准宜根据各项服务目标规定的补偿条件、补偿计算方法、补偿方式来制定。

(9) 违约责任

在服务协议中,宜明确双方违约承担的责任以及免责说明。违约责任的主要内容至少包括双方的违约事项和违约补偿等内容。

(10) 保密要求

在服务协议中,宜明确双方遵守的保密要求。保密要求的主要内容宜分别描述双方应遵守的保密内容和保密要求,保密内容宜包括产品信息、技术信息、客户信息、经营信息、财务信息、合同信息、装备信息等;保密要求宜包括保密期限、保密对象、保密方式等。

(11) 争议解决机制

在服务协议中,明确在协议执行过程中发生争议的解决办法。争议解决机制的主要内容宜包括争议协商机制、争议仲裁机制、适用法律法规或标准等。

(12) 服务费用和支付方式

在服务协议中,明确所提供各项服务的计费方式、服务费用及支付方式。服务费用的主要内容包括各项服务费用计费方式、费用明细、计费周期(按月/季度/年)和服务总费用。支付方式的主要内容包括付款形式、付款时间等。

可选要素往往只适用于特定类型工业云服务的服务协议,包括:

(1) 第三方

在服务协议中,与工业云服务相关的组织机构或个人。第三方的主要内容至少包括第三方名称、与工业云服务提供者和工业服务客户的关系、联系人姓名、联系电话、联系邮箱、责任、权利和义务。

(2) 服务优先级

在服务协议中,双方达成的、对工业云服务的客户服务请求的优先级定义。服务优先级根据服务请求的紧急程度和影响程度设定。

(3) 变更流程

在服务协议中,宜明确当服务发生变化或因某种原因导致服务协议需要发起变更时,双方遵循的变更流程。变更流程的主要内容应包括变更类型的划分、变更的申请、变更的响应、变更的影响评估、变更的批准确认、变更的执行、变更的确认、变更的总结等。

(4) 服务交付流程

在服务协议中,明确服务交付的具体流程。服务交付流程的主要内容包括服务交付内容、服务交付时间、服务交付人员、服务交付验收确认等流程。

(5) 资源条件

在服务协议中,明确使用工业云服务所需要具备的资源条件。资源条件的主要内容宜包括人力、装备、物料、法律、环境、IT资源(如计算、存储、网络、软件)等。

(6) 服务考核要求

在服务协议中,明确对于服务协议执行情况的监测和考核。服务考核要求的主要内容宜包括考核指标、考核目标、考核办法、考核人员、考核时间、考核报告等。

在服务协议中,双方遵守知识产权的有关条款。知识产权的主要内容包括服务过程中针对双方所提供的任何信息、文件、数据等的归属权益的说明。

(7) 知识产权

在服务协议中,双方遵守知识产权的有关条款。知识产权的主要内容包括服务过程中针对双方所提供的任何信息、文件、数据等的归属权益的说明。

(8) 通知和送达

在服务协议中,工业云服务执行过程中的通知和送达机制。通知和送达的主要内容宜包括通知事项、通知内容和模板、通知送达方式(如电话、短信、邮件等)、送达时间要求、送达人员信息、装备信息、装备状态等。

2) 服务协议流程和管理

工业云服务提供者和工业云服务客户宜遵循图 3-20 所示流程对工业云服务协议进行管理,以确保按一种受控的方式管理与服务协议有关的活动。

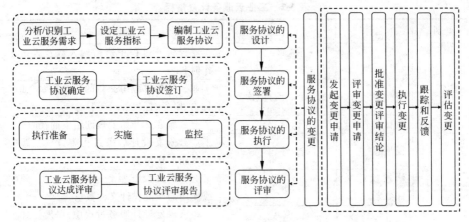

图 3-20 工业云服务协议流程

(1) 服务协议的设计

服务协议的设计是围绕工业云服务协议框架开展的,其设计过程主要包括:分析/识别工业云服务需求,设定工业云服务指标,编制工业云服务协议。

(2) 服务协议的签署

服务协议按照国家有关法律法规签署,是工业云服务提供者与工业云服务客户经过协商,对于服务协议达成一致后建立相互间约束关系的行为。它包括服务协议确定和服务协议签订。

(3) 服务协议的执行

服务协议的执行是工业云服务提供者与工业云服务客户履行已签署服务协议的行为。服务协议执行环节主要有执行准备、实施以及监控。

(4) 服务协议的评审

服务协议的评审是工业云服务提供者、工业云服务客户及工业云服务协作者对服务协议执行程度进行评议与审查的行为。服务协议的评审包括:服务协议达成评审和服务协议评审报告。

(5) 服务协议的变更

服务协议的变更是工业云服务提供者及客户为适应服务协议执行过程中与工业云服务相关的各种因素的变化,保证服务目标的实现而对服务协议内容进行相应的调整。服务协议的变更流程包括:发起变更申请,评审变更申请,批准变更,执行变更,跟踪和反馈,评估变更结果。

3. 工业云服务计量指标

国家标准 GB/T 40207—2021 定义了工业云服务获取过程中使用的计量指标内容及计量单位。如表 3-2 所示,本标准从通用性、研发设计、生产制造、物流、营销、检测、售后七个方面给出了工业云服务计量指标。

表 3-2　工业云服务计量指标

类别	名称	单位	描述
通用性	人力数	人·时,如:人·天、人·月	工业云服务过程中所需的人数及人员工作时长
	交付量	如:个、套、件、次	工业云服务过程中交付的产品数量(如交付物、服务、授权许可等)
	执行时长	如:日、时、分	工业云服务从开始处理到结束的耗时
研发设计	模型量	如:个、件、套	工业云研发设计服务过程中,产生、调配或使用的模型数量
	研发设计文件数	如:套、份等	工业云研发设计服务过程中,产生、调配或使用的研发设计文件数量
	设计工具数	如:个、件、套	工业云研发设计服务过程中,研发设计工具的调配或使用的数量
生产制造	物料数	如:个、件、套	工业云生产制造服务过程中,调用或消耗的物料数量
	装备数	如:次、套	工业云生产制造服务过程中,调配或使用的装备数量
物流	货物质量	如:千克	工业云物流服务过程中,所运输的货物质量
	货物尺寸	如:米	工业云物流服务过程中,所运输货物的尺寸
	货物体积	如:立方米	工业云物流服务过程中,所运输货物的体积
	货物数量	如:个、件、套	工业云物流服务过程中,所运输的货物数量
	运输距离	如:千米	工业云物流服务过程中,货物的运输距离
营销	销售金额	如:元	工业云营销服务过程中,产生的交易总金额规模
检测	检测工具数	如:次、个、套	工业云检测服务过程中,调配或使用的检测工具数量
售后	售后服务单数	如:单	工业云售后服务过程中,形成的服务单数

3.4.3　软件互联互通接口通用要求

国家标准 GB/T 39466.1—2020 规定了企业资源计划(ERP)、制造执行系统(MES)与控制系统之间软件互联互通接口的参考架构、接口参考模型、公共信息模型、组件接口规范以及信息交换的要求。

1. 参考架构

互联互通接口规范是一种建立信息系统间交互机制的参考模型,由三部分组成：接口参考模型（IRM）、公共信息模型（CIM）、组件接口规范（CIS）。

（1）接口参考模型

IRM 描述了企业业务子功能间的业务活动，是对系统互联互通接口需求的表现。IRM 采用子系统、业务组件、功能单元、子功能、互联互通活动的分级表述方式。

（2）公共信息模型

CIM 是企业业务实体的抽象，定义了系统互联互通的公共语义，是企业综合集成的基础。CIM 使用 XML-Schema 和 XML 进行定义和表达，可转换为各种主流通信框架的消息定义类型。

（3）组件接口规范

CIS 定义接口内容，它与开发技术和应用平台无关。CIS 使用公共信息模型定义信息交换的语义。通过对离散型和流程型制造的信息交换活动进行梳理，确定共性软件接口需求，界定接口参考模型中描述的子功能之间互联互通活动的内容和方式，制定接口规范。在实际使用中可扩展和裁剪其内容。CIS 使用 XML-Schema 和 XML 进行定义和表达，可转换为各种主流通信框架的消息定义类型。

（4）互联互通集成架构

图 3-21 是本部分和 GB/T 39466.2—2020 使用的 ERP、MES 与控制系统软件互联互通集成架构。企业应对制造资源的结构进行统一的定义和维护，规定其分类和基础数据元素，建立公共信息模型。对公共信息模型的管理（即图 3-21 中灰色标注部分）应视为企业主数据管理过程的一部分。

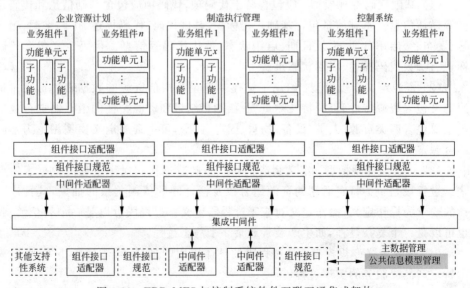

图 3-21　ERP、MES 与控制系统软件互联互通集成架构

2. 接口参考模型

IRM 是对业务功能的分级表述,按业务组件、功能单元、子功能、互联互通活动进行分解,描述子功能间互联互通需求和信息交换活动。图 3-22 给出了 IRM 描述的层级结构。对 ERP、MES 和控制系统功能的表述遵循 GB/T 25109.3—2010 和 GB/T 20720.3—2010 的规定,并默认控制系统符合相应工程设计文件的要求。

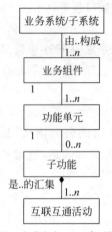

注:1..n 表示一个或多个,0..n 表示零个或多个。

图 3-22 接口参考模型

3. 公共信息模型

CIM 是一个业务实体的抽象模型,是通过提供一种用对象类和属性及它们之间的关系来表示制造资源的标准方法。CIM 通过定义一种基于 XML-Schema 的公共语言(即语义)为集成提供便利,使得服务或系统能够不依赖于信息的私有定义访问公共数据和交换信息。CIM 定义包括企业内资源、过程和信息的集成模型。CIM 的实现过程中可以对 CIM 的不同部分进行扩展和引用,但应遵循唯一统一信息模型的原则。

本部分规定了公共信息模型的专规模型,用于离散型和流程型制造的公共信息模型和信息定义在 GB/T 39466.2—2020 中做出规定。专规模型的图形表示遵循 OMG 统一建模语言(版本 2.5)的规定。

(1)基础代码专规模型:应包含若干代码项,代码项应包含基础信息和代码定义等描述信息。基础信息包含基础代码标识、基础代码、代码描述、代码来源、版本号、发布者、启用日期、失效日期、启用状态、替代代码等信息。代码定义包含代码标识、代码、代码描述、启用状态等。

(2)资源定义专规模型:给出了描述制造企业内部资源的数据表达形式。资源定义包含资源特性、资源特性测量规范、测量结果和资源特性的值。制造行业生产主要包含四类资源(人员、设备、物料、固定资产),可由资源定义模型派生为不同的资源定义。

(3)过程段专规模型:定义制造企业产品制造过程和操作过程的数据表达形式。过程段是一类特定活动的资源组合以及活动间的依赖关系的抽象,其具体活动的要求为操作定义,操作定义对应于过程段定义。过程段可以是一个简单活动,也可以是一个复杂过程,如生产装置或某一个静态过程。

(4)操作定义专规模型:是过程段的具体应用,与实际操作目标相关,可以表示特定产品或服务的实现过程。

(5)过程段能力专规模型:定义制造企业资源集成表现能力的数据表达形式。

(6)操作调度专规模型:包含了一组满足操作控制要求的操作请求,该组请求与操作响应对应。

(7) 操作请求专规模型：描述操作调度中单次执行活动的资源配置要求。

(8) 操作响应专规模型：描述制造资源或者过程段随操作活动产生变化的结果。

(9) 操作绩效专规模型：面向操作调度实际操作过程的综合评价结果，由完成相应操作调度的所有过程活动的操作响应数据构成。

(10) 操作指令专规模型：定义执行管理组件向过程控制器下发的操作指令信息。

(11) 过程数据专规模型：是控制系统从生产现场实时收集过程数据的信息模型。

(12) 控制报警专规模板：是控制系统向关联功能单元提供报警信息的信息模型。

4. 组件接口规范

互联互通实施的前提是规定一个子功能（或服务）以一种标准的方式与其他子功能（或服务）交换信息或访问公共可用数据所应该实现的接口。这些组件接口描述了服务为此目的所使用的特定的方法和形式，以及交换的信息内容。图 3-23 给出了 CIS 模型。

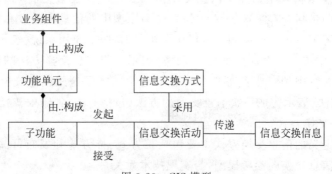

图 3-23 CIS 模型

CIS 规定了服务或系统所使用的接口，明确了典型的服务和组件。CIS 描述了在两个或更多的应用之间进行交换的信息内容，以及用什么方式来传递这些信息。表 3-3 给出了 CIS 的通用描述方法，开发者应按照表 3-3 发布服务的接口描述定义。开发者也可遵循 CIS，开发面向系统服务集成的接口适配器。

表 3-3 CIS 的通用描述方法

编号	模型字段	说明
1	信息交换标识	信息交换活动的标识
2	发起组件	发起组件的标识或名称
3	发起功能	发起功能的标识或名称
4	发送接口方法	发起组件的接口方式和方法名
5	交换方式	参考 GB/T 39466.1—2020 的 9.3 节
6	交换内容	参考 GB/T 39466.2—2020 的第 7 章

续表

编号	模型字段	说明
7	接收组件	接收组件的标识或名称
8	接收功能	接收功能的标识或名称
9	接收接口方法	接收组件的接口方式和方法名

5. 信息交换的要求

ERP、MES与控制系统之间的信息交换应共同遵循以下机制：应有一个逻辑信息交换管理业务组件，它在物理的分布的节点中实现。这些设施允许在接口参考模型定义的子功能间进行信息交换；信息交换管理业务组件维护子功能间信息交换的内容、语法和语义的描述；信息交换的语法和语义应被定义为不依赖应用平台且机器可读的形式；信息可以通过一个或多个在信息交换管理业务组件中定义的事件在子功能之间进行交换。

1) 信息交换结构模型

信息交换结构模型描述了信息交换活动要素的构成与关系，如图3-24所示。信息交换结构包括：信息节点(表示信息传递原型中的信息发送方和接收方，通常表示一台部署不少于一个应用系统或服务的计算机)；应用系统(表示一组信息交换的汇集，通常表示一个应用系统)；服务(表示一组信息交换方法的汇集，通常表示一个应用系统中的一组业务功能。服务通常指定了这组信息交互换的交换方式)；交换方法(表示完成一次信息交换的方法，包括方法名、输入、输出)。

2) 信息交换方式

本部分定义的信息交换方式主要包括拉方式、推方式和发布订阅方式。信息交换方式是信息交换的参考模型，与实现技术无关。

(1) 拉方式

拉方式是指信息消费者向信息提供者请求特定内容的场景，一般用于数据查询操作的应用场景。信息消费者向信息提供者发送GET型信息，信息提供者接到信息后将消费者所需信息包装成约定信息格式以SHOW型信息返回给消费者。拉方式的信息交换过程如图3-25所示。

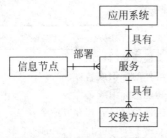

图3-24 信息交换结构模型

图3-25 拉方式的信息交换过程

（2）推方式

推方式是指信息发送者向信息接收者提交信息，信息接收者将该信息处理结果反馈给信息发送者直至本次事务结束的过程。常见于系统间事务请求/响应的处理场景。

推方式含有处理、改变、撤销、告知、确认、回复等信息类型。处理型信息是本次事务的起点，回复型信息是本次事务完成的终点，撤销、确认型信息都可以终止本次事务。处理、改变、撤销操作可以选择是否需要事务处理者反馈告知型信息。推方式的事务状态如图 3-26 所示。

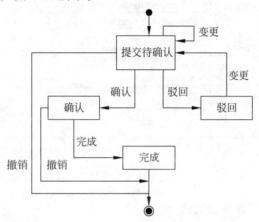

图 3-26　推方式的事务状态图

事务请求者向事务处理者发送处理信息发起事务，事务处理者接收到信息后根据处理的告知设置项决定是否返回确认信息。事务处理者根据处理结果可以向事务请求者返回确认信息，包括接受、修改和拒绝三种确认结果。当确认信息为拒绝时，事务关闭。当确认信息为修改时，可提交变更信息重新提交事务请求，也可发送撤销关闭事务。在事务提交状态，事务请求者可以向事务处理者发送变更修改事务请求和撤销信息撤销事务请求。在事务受理状态，事务请求者可以向事务处理者发送撤销信息撤销该事务。

（3）发布订阅方式

发布订阅方式适用于数据同步场景，包括增、删、改三种操作类型，使用同步型信息传递信息。

信息发布者向信息订阅者发送同步型信息，信息订阅者返回数据同步结果的确认型信息。发布订阅方式的交互过程如图 3-27 所示。

3）信息命名规则

信息类型命名采用动词＋名词的结构，动词表示该信息的操作含义，名词表示该信息的操作对象。

信息和信息结构定义使用 XML-Schema 进行示意性描述，实际工程中采用具

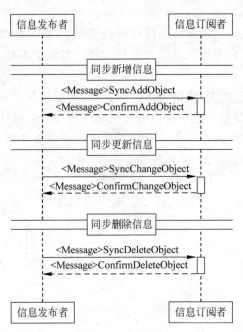

图 3-27 发布订阅方式的交互过程

体实现技术的特性完成信息交换。

4) 信息错误类型

信息交换过程中信息处理应考虑错误信息的交换。错误信息可存放在返回信息的数据区内。信息交换中通用错误类型如表 3-4 所示。

表 3-4 信息交换中通用错误类型

序号	错误类型	说明
1	请求信息内容非法	传递的信息内容不符合规范要求
2	信息无法传送	信息的接收者不在可用的信息路由定义中
3	信息没有访问权限	信息的请求者不在允许范围内
4	信息请求内容不存在	所请求的信息不存在
5	信息的接收方不存在	所请求的服务不存在或离线

GB/T 39005
—2020

拓展阅读

GB/T 39005—2020《工业机器人视觉集成系统通用技术要求》

3.5 工业网络标准

3.5.1 工业控制网络通用技术要求

国家标准 GB/T 38868—2020 规定了智能制造系统中有线工业控制网络及设

备在工业现场环境下,关于通信质量、工业控制网络性能以及工业控制网络功能等方面的通用要求。

1. 工业控制网络设备通信质量保障性要求

(1) EMC 要求

根据应用需求和设备类型,工业控制网络设备应根据以下 EMI 和 EMS 各项(可选且不限于)对 EMC 性能进行评估,性能等级应符合 GB/T 38868—2020 附录 B 中的规定,并提供符合要求的合格证明。

EMS 性能要求项包括:静电放电抗扰度;射频电磁场辐射抗扰度;电快速瞬变脉冲群抗扰度;浪涌(冲击)抗扰度;射频场感应的传导骚扰抗扰度;工频磁场抗扰度;电压暂降、短时中断和电压变化的抗扰度。

EMI 性能要求项包括:辐射发射和传导发射。

工业控制网络设备在受到的电磁干扰消失后,无须人为干预应能恢复正常通信。

(2) 通信协议一致性要求

按照特定工业通信协议开发的工业控制网络设备应符合工业通信协议的规定。根据不同工业通信协议要求,对于工业控制网络中设备的物理层、数据链路层、应用层协议实现等有协议一致性要求。对于应用在工业控制网络中的设备,应通过官方授权的检测认证实验室的测试,并提供符合性证明。

(3) 网络安装要求

有线网络安装应符合 GB/T 26336—2010 及 IEC 61784-5 的要求,IEC 61784-5 为系列标准,宜根据应用的通信协议种类选择使用。

2. 工业控制网络通信性能要求

针对不同应用,用户对工业控制网络的要求也不相同。为了更好地满足应用要求以及明确通信能力评估指标,规定本节中的通信性能要求。这些性能要求用来规范网络能力,而网络能力依赖于网络终端设备及网络部件性能,可作为制造商与用户共同参考的技术指标。

(1) 端节点数

对于工业以太网,端节点数指的是一个通信行规(CP)应支持的 RTE 端节点的最大数量,交换机类的网络设备不计入端节点数。对于现场总线,指的是一个网络中所允许的符合相关通信协议的最大节点个数。

在网络规划中,应对端节点的个数加以限制,目的是优化网络性能,确保在控制器的处理能力范围内,达到应用所需的响应及时性、延时、网络负载等指标。

(2) 基本网络拓扑

基本网络拓扑包括星形、树形、线形以及用于冗余的环形网络。

星形网络适用于在物理上受空间限制的区域,几个通信节点连接到同一个交换机则自动形成星形拓扑。这种拓扑结构中,单一网络节点失败或移除,不影响其他节点的工作。如果中央的交换机失败,所有连接的节点通信都将中断。

将几个星形拓扑连接起来即可形成树形拓扑。树形拓扑中星形交汇点的交换机作为信号分路器,该交换机基于地址路由报文。线形拓扑中设备串接成菊花链,用于物理区域较大的自动化车间,比如传送带,也可用于小型机器应用。

线形拓扑中断时(例如以太网接口设备断电),位于该设备后面的所有设备都无法正常通信。

环形拓扑可以解决线形拓扑中的上述缺陷,环网中的所有设备连接成环,其中的一个设备为冗余管理器,逻辑上不形成闭环。当其中有节点断开时,冗余管理器重新组织通信路径,从而恢复正常通信。

(3) 网络组件数

网络组件数即端节点间网络组件个数。网络组件对信号的传输会带来延时,应根据应用要求,限制网络组件的使用数量。注:网络组件指交换机、中继器、路由器、集线器等。

(4) 通信速率

通信速率即通信链路上单位时间内传输的数据量,通常以比特每秒(b/s)表示。工业通信协议的物理层决定了可支持的通信速率,每种通信速率仅可达有限的通信距离,通信速率与通信距离间的要求见具体的协议规范。

(5) 非实时带宽

非实时带宽即一个链路上用于非实时通信的带宽百分比。工业通信数据由时间关键的数据(即实时数据,比如过程数据、报警等)以及非时间关键数据(非实时数据,比如参数、状态信息等)组成,应为非实时通信预留带宽。实时以太网带宽与非实时以太网带宽彼此关联。

(6) 响应时间

响应时间即从一个节点(请求方)向另一个节点(响应方)发出请求至请求方收到来自响应方的响应所需的时间。影响响应时间的因素包括但不限于传输距离、通信拓扑、网络组件数量、经历的节点数量、响应方收到请求后的处理时间。响应时间包括传输时间、网络延时以及请求处理时间,该通信性能取决于通信协议本身及具体应用。

(7) 时间同步精度

时间同步精度即任意两个节点时钟之间的最大偏差。根据应用不同,时间同步精度可为毫秒级、微秒级,甚至是纳秒级。集成了时间同步协议的工业通信协议才能用于时间同步应用中,通信协议可实现的时间同步精度与协议特性相关。

(8) 非基于时间的同步精度

非基于时间的同步精度即任意两个节点之间的周期性行为的最大抖动。周期性行为通过网络上的周期性事件触发,该特性用于评估事件触发的数据或者动作的一致性。

(9) 冗余恢复时间

冗余恢复时间即发生单一永久失效时,从失效到再次完全正常工作的最大时间。冗余形式包括多种形式,例如介质冗余、关键装置冗余、控制系统冗余。冗余恢复时间与采用的冗余协议以及相关设备的性能有关。

3. 工业控制网络功能要求

1) 运行维护要求

(1) 标识

一般要求:标识功能提供一组可读/写且定义良好的数据,用以标识网络设备。该组数据要求永久存储,即可以掉电保存,同时提供该组数据的版本信息;数据中应包含制造商信息、硬件版本、软件(固件)版本、产品序列号,宜包含订货号、安装日期、位置、签名(用于信息安全);不应包含与用户应用无关的信息,比如制造商加密相关信息等。设备宜提供的标识信息见表3-5。

表3-5 推荐设备提供的标识信息

标识信息内容	解 释	访问属性
Manufacturer_name	制造商名称	R
Device_ID	设备ID	R
Hardware_Revision	硬件版本	R
Firmware_Revision	固件版本	R
Serial_Number	产品序列号	R
Order_Number	订货号	R
Install_Date	安装日期	RW
Install_Location	安装位置	RW
TAG	标签	RW
SIGNATURE	签名	RW

注:R表示可读,RW表示可读写。

标识配置:工业控制网络应根据标识信息的不同,支持与用户现场应用相关标识信息的配置功能,可通过有线网络接口读取、修改设备各类标识。

标识识别:工业控制网络应支持标识识别功能,通过有线网络接口识别所连接的网络中各节点的身份标识和应用属性标识,解析其应用属性,将所解析出来的信息提供给组态、参数化、调试、诊断、维护、维修、固件升级、资产管理、审计跟踪等设备全生命周期各阶段使用。

(2) 诊断和报警

工业控制网络设备宜支持诊断和报警功能。当现场设备/模块的状态或操作、控制器等出现异常情况,或者现场设备出现故障时,应向操作站发出诊断或报警的事件报告。

工业控制网络宜检测整个网络的通信状态,检测网络是否发生异常或存在无法通信的节点,按照严重程度提供诊断或报警。

设备制造商按照事件的紧急或严重程度,区分一般诊断和报警信息。一般诊断信息仅是报告有某个事件发生但不至于影响控制网络系统运行,例如某个生产装备环境温度较高或者寿命将近等;报警是指发生了比较严重的异常和故障,要求控制器或操作员现场解决或报警确认。

（3）日志

工业控制网络设备应支持日志功能,应包含配置管理、固件升级、诊断报警等历史记录。

工业控制网络应支持网络管理的日志功能,应包含组网设备状态、网络拓扑变化、网络状态变化、诊断报警等历史记录。

（4）档案资料维护

网络拓扑图、网络维护记录、运行日志（历史记录）应纳入档案资料管理。

网络设备的说明书、相关设备物理位置图、网络规划图、备件情况、电缆等配件的相关资料宜单独保存,作为系统维护资料的一部分。

（5）状态报告

工业控制网络宜支持获得实时的设备工作状态信息,设备工作状态信息包括但不限于:设备标识、系统资源使用、固件版本、接口状态、工作环境等。

工业控制网络宜支持网络状态监视功能。网络状态监视功能应包含整体网络连接状态、网络所有节点状态、网络负荷等状态监视功能,供网络管理人员或智能网络管理软件分析统计。

2）管理要求

（1）配置

工业控制网络的配置要求如下:宜支持设备网络配置管理功能,通过有线网络接口进行设备网络配置管理,设备网络配置管理功能应包含但不限于设备基本信息管理、诊断范围和报警域限管理、设备固件升级等;宜根据身份对管理进行权限控制。

（2）可扩展

工业控制网络应具备可扩展性,新接入的节点应能即插即用。

（3）拓扑管理

工业控制网络提供以下拓扑管理功能:应支持网络拓扑图生成、显示、布局功能;宜支持设备自动发现功能;宜支持网络拓扑管理功能,当网络结构发生变化时,可自动更新。

3）服务保障要求

（1）冗余

工业控制网络宜具有一定的冗余措施,在部分网络出现故障时,剩余网络维持系统正常运转。工业控制网络宜包括以下冗余功能:网络冗余(两个或以上的冗余通信网络,当其中一个网络故障时,另一个网络能够正常通信,不影响正常数据通信。或者,构建环形冗余通信网络,当环网其中一个方向网络故障时,通信数据可以通过另一个方向正常通信);节点冗余(互为热备或冷备的冗余节点,当其中一个节点故障时,另一热备或冷备节点能够接替故障节点工作,不影响正常数据通信)。

（2）故障隔离

工业控制网络应支持网络故障隔离,减小故障影响。故障类型包括区域故障和单点故障,应采取包括但不局限于以下措施：工业控制网络宜进行横向分区、纵向分层设计,某区域发生故障(如网络风暴)时,故障宜被隔离,不应扩散至其他区域；工业控制网络宜配置合适策略,网络某点发送故障时,故障被隔离至有限范围内；故障恢复时,隔离措施不影响正常通信。

4）安全要求

（1）功能安全

根据工业控制网络的应用领域,如果网络中有功能安全关键系统(safety-critical system),要求特定行业应利用风险评估过程为工业控制系统设计目标安全完整性等级。

GB/T 20438 以及 GB/T 21109 是功能安全基础标准,特定行业(如核工业、铁路、机械等)具有以上述标准为基础的行业特定功能安全标准。对于工业控制系统或者部件的功能安全评估,如果具有行业特定功能安全标准,可参照行业标准,否则,宜按 GB/T 20438 要求执行。

有些通信协议提供了安全行规(如 PROFIsafe、CC-LINKSafety),制造商可通过在通信协议之上实现此安全行规作为安全层,以保证通信数据的正确性。这样的产品应对安全层进行检测认证,以及对产品研制过程是否符合 GB/T 20438 进行认证(即安全认证)。

需要明确强调,各部件/设备的安全完整性等级即使都与系统预期设计的安全完整性等级相同或者更高,也不代表由这些部件组成的系统能达到系统要求的功能安全等级。单个设备的安全完整性等级可通过在设备中实现功能安全规范,经过对设备软/硬件开发全过程的安全评估,实现预期的安全等级。系统的功能安全涉及整个生命周期,包括分析、设计、安装、确认、操作、维护、停用,需要根据功能安全标准和系统目标功能安全等级,对系统进行风险分析,确定可接受的风险,实施风险降低措施。

对于功能安全有要求的工业控制系统,应由专业功能安全评估机构根据功能安全标准,通过风险分析方法,评估整个系统的功能安全等级以确定是否符合功能安全要求。

（2）信息安全

工业控制网络应提供信息安全功能,为实现信息安全可采取的措施包括管理措施和技术措施。工业控制网络的信息安全要求可参照数字化车间信息安全一般要求。

应注意的是,工业通信协议本身如果提供了信息安全技术细节,设备制造商可通过实现信息安全协议内容为设备提供部分信息安全功能。对于整个控制系统,则需要对系统进行风险分析,根据目标信息安全等级,由系统集成商/用户采取管理以及技术方面等措施来实现信息安全功能。信息安全实施及评估的国家标准或国际标准参见 GB/T 38868—2020 附录 D。

3.5.2 物联网信息共享和交换平台

国家标准 GB/T 40684—2021 规定了物联网信息共享与交换平台(以下简称"平台")的概念和功能要求,包括数据管理、目录管理、服务支撑、平台管理和安全机制。本标准适用于物联网信息共享和交换平台的设计、开发和实现。

1. 总体概念

平台用于连接若干物联网系统,实现物联网系统间的信息共享和交换,符合 GB/T 36478.1—2018 中 5.1 节中 b)中介模式。平台与物联网系统的关系见图 3-28。物联网系统可通过注册或注销的方式,加入或退出平台。注册的物联网系统可作为数据提供方或数据需求方。

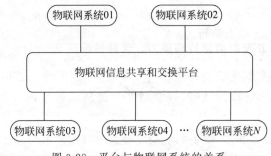

图 3-28 平台与物联网系统的关系

平台的功能模块组成见图 3-29,主要由数据管理、目录管理、服务支撑、平台管理和安全机制功能模块组成。数据管理提供数据汇聚、合规性检查、数据处理和数据存储等功能,对汇聚到平台上的数据进行管理;目录管理提供目录编制、目录发布和元数据管理等功能,对平台的目录进行管理;服务支撑提供目录订阅与推送、目录查询与展示、数据提供、实时数据订阅与推送和数据统计与展示等功能,向平台用户提供信息共享和交换的接口并提供服务;平台管理提供注册注销管理、用户角色管理、平台配置管理、平台日志管理和平台备份管理等功能,对平台进行管理;安全机制提供服务安全、数据分级、传输加密、用户权限和操作审计等功能,保障数据的安全传输与访问控制。

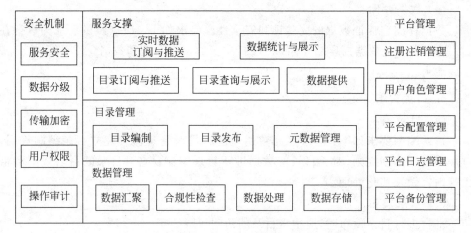

图 3-29 平台的功能模块组成

2. 数据管理

（1）数据汇聚

数据汇聚是对物联网系统采集的数据进行汇聚，包括未经处理的实时数据和经过物联网系统处理的数据。数据汇聚要求如下：应支持结构化数据、非结构化数据、半结构化数据和 GIS 数据；应支持多路并行采集数据的能力；应支持基于消息和文件的传输方式。消息传输应支持异步和同步消息传输机制，应支持低时延（实时/准实时）、高并发的消息传输能力。文件传输应支持大规模文件传输和数据压缩、解压机制；应提供可靠的数据传输机制，如端点续传和加密等，确保传输数据不丢失、不泄露，保障数据传输前后的一致性；宜支持多种传输通信协议（如：HTTP、JMS、FTP、XMPP、MQTT 等）；宜提供实时数据的复杂事件处理能力，支持基于时间序列的流式数据的处理，支持对内存中动态数据的计算分析，可支持数据的聚合、分组、关联、计算、模式识别等功能，以便实时跟踪和分析数据流中的事件信息，及时做出响应。

（2）合规性检查

合规性检查是对汇聚的数据进行检查，要求如下：应对数据进行检查，保证数据的准确性和完整性；应提供数据校验功能，如空值检测、长度检查、数值范围检查、正则表达式校验等；可依据数据的重要性及敏感程度将数据划分不同的级别，实行分级处理或者按照相应规则进行处理。

（3）数据处理

数据处理包括但不限于数据挖掘、数据加工和数据整合。要求如下：数据挖掘应支持多种算法，包括关联分析、聚类分析、分类分析、异常分析、特异群组分析和演变分析等；数据加工应实现数据的特征识别、提取和转换；数据整合应实现多源数据按对象、事件、位置和时间等维度进行关联和集成。

（4）数据存储

数据存储应保证数据的完整性和安全性。要求如下：应按照目录结构进行存储；应提供海量数据高压缩存储；应支持主流数据库系统和数据仓库系统，应具备扩展能力。

3. 目录管理

（1）目录编制

目录编制要求如下：应按照元数据规范和目录管理流程建立目录编制规则；应按照目录编制规则，对无目录的数据进行目录编制；应对目录的命名规则和格式等内容做规范化处理。

（2）目录发布

平台进行目录发布时，应指定目录的访问权限。

（3）元数据管理

平台的元数据管理对象是符合 GB/T 36478.3—2019 相关要求的元数据。元数据管理的要求如下：应提供元数据的添加、删除、修改和查询等功能；应提供元数据之间关系的建立、删除和跟踪等功能；宜提供元数据的生存周期管理。

4. 服务支撑

（1）目录订阅与推送

数据需求方可通过目录订阅的方式获取所订目录的推送信息。目录订阅与推送要求如下：应基于数据需求方的角色开放相应的目录，并提供相应的操作权限。数据需求方可通过检索进行目录的发现和订阅操作；应为数据需求方提供设置所订阅目录的时域和频域参数的功能，应提供数据需求方数据获取接口；应提供目录订阅的查看、退订、暂停、重启、更新等功能；所订阅目录发生更新（版本升级、资费变动、服务暂停/重启、服务停止等）或异常事件（数据源异常、存储异常、加工处理异常、无法发送/接收异常等告警或预警信息等）时应及时向数据需求方发送信息推送。

（2）目录查询与展示

目录查询与展示要求如下：应符合 GB/T 36478.1—2018 中 5.3 节的相关要求；应提供多维度的目录检索服务，数据需求方可通过多条件查询获取符合要求的目录信息；应根据目录内容，提供多维度目录展示；应提供友好、易用的展示界面。

（3）数据提供

数据提供要求如下：应符合 GB/T 36478.1—2018 中 5.3 节的相关要求；应向数据需求方提供获取所订阅目录的数据接口；应根据数据需求方的角色和权限，对其提供相应的服务保障。

（4）实时数据订阅与推送

平台可向特定用户提供实时数据的订阅与推送管理功能，相关要求见 GB/T

40684—2021 的 8.1 节。

(5) 数据统计与展示

数据统计与展示通过对共享交换数据和实时数据的统计,让用户了解数据的具体情况,要求如下:应提供数据使用情况统计报表;应提供实时数据的异常情况统计报表;应提供手动统计、按类别自动统计功能;应提供各种图表展示形式;应支持动态定义统计指标;应支持统计数据及分析结果的下载、导出等功能;宜提供数据的多维度分类统计报表;宜支持自定制的统计周期,包括日报、周报、月报、年报、实时报等。

5. 平台管理

(1) 注册注销管理

注册注销管理实现物联网系统的加入和退出管理,要求如下:应提供物联网系统加入的注册管理,对审核通过的物联网系统进行注册,并分配相应权限;应提供物联网系统退出的注销管理,对审核通过的物联网系统进行注销。

(2) 用户角色管理

用户角色管理要求如下:应支持用户角色分类,不同角色具备不同的权限;应支持角色组设置功能,实现对角色的分类授权;应支持多角色设置,使得同一用户可获得多种权限;应具备对角色的添加、分配、授权、修改、删除、自定义变量授权等功能。

(3) 平台配置管理

平台配置管理功能要求如下:应支持内存大小、日志路径等参数配置;支持存储资源配置和计算资源配置,包括资源使用策略、资源使用权限等,并支持对各业务应用所使用的平台资源进行配置。

(4) 平台日志管理

平台日志管理要求如下:应全面收集平台及相关设备的运行日志,包括系统日志、操作日志、错误日志等;应对日志进行分析,并支持系统异常情况的提示;宜提供统一的日志存储、管理、查询、监控、审计、导出等功能;原始日志信息和归一化处理后的日志信息宜分别进行存储。

(5) 平台备份管理

平台备份管理要求如下:应执行系统备份及恢复策略,确保关键数据及关键服务在人为或自然原因导致的灾难后能够在确定的时间内恢复并继续运行;同一平台宜使用同样的备份手段,便于管理和使用。

6. 安全机制

(1) 服务安全

服务安全应保障数据管理和目录管理的安全性。服务安全应支持以下安全控制机制；数据的加密和签名；身份鉴别方式（如用户名密码方式等）。

（2）数据分级

数据分级是依据数据敏感性、数据价值等方面对数据进行分级，不同级别的数据应采用不同的安全防护策略。

（3）传输加密

传输加密是数据加密机制，应提供对称加密、非对称加密等加密方式以及数字证书鉴别方式。

（4）用户权限

平台应提供身份鉴别、授权及登录访问相关接口，从而为平台提供安全登录、用户鉴别授权功能服务。用户权限包括以下功能：平台应提供数据访问授权及审计接口，进行数据访问的鉴别授权；应提供身份鉴别的接口，实现平台对物联网系统的安全控制管理。

（5）操作审计

操作审计是对注册到平台上的物联网系统进行统计，并对物联网系统通过平台访问相关信息的过程进行跟踪。

拓展阅读

GB/T 36417.1—2018

GB/T 36417.1—2018《全分布式工业控制网络　第1部分：总则》

GB/T 40778.1—2021

GB/T 40778.1—2021《物联网　面向Web开放服务的系统实现　第1部分：参考架构》